WPOS

中国科学院战略性先导科技专项
热带西太平洋海洋系统物质能量交换及其影响

西太平洋海山洋脊交联区
海山动物原色图谱

徐奎栋 等　著

科学出版社
北京

内 容 简 介

海山是深海大洋中的显著生态景观，以其独特的生物群落、丰富的生物多样性和巨大的资源价值，成为深海生物多样性研究和保护的热点。自 2003 年，随着我国新一代海洋综合科学考察船“科学”号及“蛟龙”号载人潜水器和“发现”号水下缆控潜水器的应用，我国在深海生物多样性探测领域跨入世界前列。本书基于“发现”号水下缆控潜水器在西太平洋雅浦海沟 - 马里亚纳海沟 - 卡罗琳洋脊交联区海山探测中获取的丰富超高清影像资料，并结合所获标本，分类鉴定了交联区三座海山动物的组成和分布，涉及多孔动物、刺胞动物、软体动物、节肢动物、棘皮动物和鱼类六大类 280 种海山动物。书中概述了海山生物多样性的研究进展，提供了海山动物的分类地位、采集地、水深和分布信息，并尽可能展示其生境和形态各异的原位图。

本书可供海洋生物学、海洋底栖生物生态学、深海生物多样性保护与利用等领域的科研、教学人员及管理者参阅，书中丰富多彩的生物也可为读者提供一个认识深海大洋海底世界的窗口。

图书在版编目（CIP）数据

西太平洋海沟洋脊交联区海山动物原色图谱 / 徐奎栋等著. —北京：科学出版社，2020.3

ISBN 978-7-03-064498-5

Ⅰ. ①西… Ⅱ. ①徐… Ⅲ. ①西太平洋－海沟－水生动物－海洋生物－图谱 ②西太平洋－洋脊－水生动物－海洋生物－图谱 Ⅳ. ①Q958.885.3-64

中国版本图书馆 CIP 数据核字（2020）第 034483 号

责任编辑：王海光　王　好 / 责任校对：郑金红
责任印制：肖　兴 / 设计制作：金舵手世纪
封面设计：北京图阅盛世文化传媒有限公司

科学出版社 出版
北京东黄城根北街16号
邮政编码：100717
http://www.sciencep.com

北京汇瑞嘉合文化发展有限公司 印刷
科学出版社发行　各地新华书店经销

*

2020年3月第　一　版　开本：889 × 1194 1/16
2020年3月第一次印刷　印张：16 1/4
字数：540 000

定价：268.00 元

（如有印装质量问题，我社负责调换）

《西太平洋海沟洋脊交联区海山动物原色图谱》

著者名单

（按姓名拼音排序）

董　栋　龚　琳　蒋　维　寇　琦
李　阳　刘　静　肖　宁　徐奎栋
徐　雨　张均龙　张树乾

序

海洋一直处于变化之中，人们对变化中的海洋知之甚少，这其中一个非常重要的原因就是缺乏对海洋的长期观测数据。目前，大数据已越来越受到各方面的重视，海洋大数据由于关系到海洋安全、海洋资源开发利用和海洋环境保护等各个领域，更是推动海洋科学发展的关键，而海洋大数据的核心就是海洋观测数据，没有对海洋的实际观测就不可能真正了解海洋、保护海洋、利用海洋。

海洋观测成本高昂，观测设备繁多、复杂，加之海上作业环境异常艰辛，且各项目、各单位获取的第一手资料短时间内并不对外开放，这些原因导致海洋观测数据的获取非常难，建立海洋大数据具有很大的挑战性。

中国科学院战略性先导科技专项（A 类）“热带西太平洋海洋系统物质能量交换及其影响”于2013 年启动，项目部署了大量海洋观测工作，观测范围从渤海、黄东海、长江口及其邻近海域、黑潮流经海域一直到西太平洋暖池区域，观测内容涉及物理、化学、生物、生态、地质等各个学科，力求在这条大断面上进行长期、综合、立体观测，实现浮标、潜标长期观测与基于科学考察船的综合观测相结合。项目历时 5 年，获取了大量海洋地质地貌、海洋动力环境、海洋化学要素、海洋物理要素和海洋生态要素的数据资料，将成为海洋大数据的重要组成部分。

项目获取的观测资料有些已用于相关研究，并取得了一批有影响力的科研成果，但大部分数据还有待在未来的工作中加以分析利用。鉴于此，我们将获得的深海地形、深海生物、海水各理化生态要素的观测结果编制成图集、图谱、图鉴出版，以展示深海的高分辨率地形图、高清海山生物原位形态和生境照片，以及海水各理化生态要素的时间、空间变化趋势，供海洋科学的研究人员，相关部门的管理人员，以及关注海洋、热爱海洋的大众阅读参考。

希望这些著作的出版能够对认知、开发利用和保护海洋有所贡献。

中国科学院战略性先导科技专项

“热带西太平洋海洋系统物质能量交换及其影响”首席科学家

2019 年 6 月

前　言

海山通常是指海面下高度超过 1000 m 的海底隆起，是深海大洋中的显著生态景观。海山以其独特的生物群落、丰富的生物多样性和巨大的资源价值，成为深海生物多样性保护的热点。当前，国家管辖范围以外区域海洋生物多样性（Biodiversity Beyond National Jurisdiction，BBNJ）保护已成为全球关注的议题，科学认识海山的生物构成与分布是开发利用和保护海山这一深海脆弱生态系统的关键。全球海山中，以西太平洋最为集中，数量最多。西太平洋是全球海山分布最密集、沟 - 弧 - 盆体系最发育的区域，并以雅浦海沟 - 马里亚纳海沟 - 卡罗琳洋脊的交联区最具代表性，这里亦是全球海山研究最欠缺的区域之一。

在中国科学院战略性先导科技专项（A 类）“热带西太平洋海洋系统物质能量交换及其影响”（以下简称海洋专项）支持下，中国科学院海洋研究所通过技术平台和团队建设，搭建了海山生物多样性探测研究体系，开展了对西太平洋雅浦海沟 - 马里亚纳海沟 - 卡罗琳洋脊交联区三座海山的深海环境、生物多样性与生态系统结构的综合探测。利用“发现”号水下缆控潜水器（ROV），通过三个海山航次的海山探测取样，采获了 1000 余号巨型和大型动物样品，同时获取了逾 880 Gb 的海底及生物影像资料。初步分类研究发现了深海海山大型生物 1 个新亚科、3 个新属、39 个新种。这是我国迄今最大规模的深海生物采样，显著提升了我国在深海生物探测发现、分类鉴定和多样性研究的能力。

本书整理了海洋专项所开展的雅浦海山、马里亚纳海山和卡罗琳海山调查获取的动物原位影像资料，涉及多孔动物、刺胞动物、软体动物、节肢动物、棘皮动物和鱼类六大类 280 种海山动物。书中部分生物已结合获取的生物标本的分类学研究，鉴定到种，包括已发表的新物种；部分物种仍待分类研究确认，仅鉴定到属；但也有相当部分种类由于未能获取标本，仅通过对 ROV 影像的分析鉴定到某一类群。部分有样品但无影像资料的生物未纳入本书中。

海山生物涉及的门类多，物种多样性丰富。我国因开展深海及海山的生物探测与研究较晚，深海生物分类研究仍需一个发展过程。相信随着研究的深入，会有更多的新发现。海山由于地形复杂，对其探测研究尤其是生物的获取较一般深海更难。目前全球已开展的 200 多座海山探测中，也多以获取生物影像为主，生物样品相对较少，大量物种尚待分类描述。尽管如此，高质量的原位生物影像仍然可以提供生物的分布信息，为相关研究提供素材。同时，希冀多姿多彩的海山生物能为读者提供一个认识大洋海底世界的窗口。

本书的出版得到了中国科学院战略性先导科技专项（A 类）（XDA11030201）和国家科技基础资源调查专项“西太平洋典型海山生态系统科学调查”（2017FY100800）的资助。在此感谢“科学”号海洋综合科学考察船船员和 ROV 操控团队，以及参加 ROV 生物样品和影像采集的科考队员。本书是中国科学院海洋研究所海洋生物分类与系统演化实验室的多位分类学家联合完成的。总论由徐奎栋撰写；各门类的分类鉴定中，多孔动物由龚琳完成，刺胞动物由李阳和徐雨完成，软体动物由张均龙和张树乾完成，节肢动物由蒋维、董栋和寇琦等完成，棘皮动物由肖宁完成，鱼类由刘静完成。徐奎栋对全文进行了图文统稿和校改。任先秋、王永良、沙忠利等分类专家对本书物种的鉴定提供帮助，中国科学院海洋生物标本馆王少青协助查验校对标本。在此谨致谢忱。

由于所获样品和资料不足，以及作者水平所限，书中难免有鉴定失误，敬请同行和读者批评指正。

徐奎栋

2019年9月于青岛

目　　录

多孔动物门　Phylum Porifera Grant, 1836

刺胞动物门 Phylum Cnidaria Haeckel, 1888

总 论

海山（seamount）又称海底山，狭义上是指海面下高度超过 1000 m 的海底隆起，广义上，将海底隆起高度 500～1000 m 的海丘（knoll）和低于 500 m 的小山（hill）均称为海山。海山是深海大洋底中的一个主要生态景观。据估计，全球海洋中有 33 452 个海山和 138 412 个海丘，而小山更多。全球洋面下的海丘和海山占据了全球约 21% 的海底面积（Clark et al.，2010；Yesson et al.，2011）。

典型海山是由死火山形成的，以硬底为主，有些形成以有孔虫砂或珊瑚砂为主的软底沉积。少数海山因形成较晚，仍然比较活跃，还在持续喷发岩浆。海山可分为板内海山和板块边界海山。板内海山位于深海平原上，是由海底火山喷发形成的，如麦哲伦海山链、夏威夷 - 皇帝海山链等。板块边界海山又称岛弧海山，通常也是由火山岩浆活动形成的，但其形成又常与板块俯冲、挤压相关，如马里亚纳弧海山。

从大航海时代开始，水下暗礁及浅水海山就引起了极大关注，成为水面船只和舰艇航行的重大安全威胁。莫里菲尔德海山便以 1973 年撞到此山的船命名。如果没有相关海山区海底地形的可靠资料，对船舶舰艇的航行将是一个很大的挑战。此外，当洋流遇到海山时，会形成上升流，形成变化多端的海流，可对水下潜航器造成安全挑战。

海山是大洋矿产资源的重要产区。富钴铁锰结壳（简称富钴结壳，因富含钴而得名）是产自海山、岛屿斜坡及海底高地上的海底矿产资源。除钴外，还含有钛、镍、锌、铅、铂及稀土等多种重要金属元素。太平洋分布了全球 60% 以上的海山，是全球海山分布密度最大、全球富钴结壳资源最富集的洋区，蕴藏的富钴结壳资源量远超大西洋和印度洋。其中，西太平洋的麦哲伦海山链是全球富钴结壳资源最为集中的区域，中俄日韩四国均在此有合同区。

海山也常是大洋渔场的所在地，中高纬度的海山区往往蕴藏着丰富的渔业资源，已知的经济鱼类有 80 余种，据估算每年从深海的渔获量超过 200 万吨。海山区丰富的生物量，吸引了包括金枪鱼、旗鱼、鲨鱼、鲸、海豹、海龟、海鸟等许多大洋捕食者出没。鲸和海豚等大洋迁徙性哺乳动物及鲨鱼等顶级捕食动物，在迁徙期间常停靠海山进行觅食和繁衍，海山被形象地誉为这些大洋动物的“加油站”，海山也可能是这些动物在大洋航行中导航的路标。

海山独特的生态系统和生物群落

深海大洋中的海山，由于其特殊的地形和水文特征，以及独特的生态系统、丰富的生物多样性和巨大的资源价值，成为深海研究中最受关注的系统之一。海山相较周边深海，具有高生产力、高生物量和高生物多样性等特点。海山除引起上升流，还可通过海山上方流场改变，即形成泰勒锥

（Taylor cone），对海山生态系统产生作用，控制着其周边的物质和能量的输运和分布，形成特有的生态系统（Lavelle & Baker，2003）。但泰勒锥仅在少数海山上能明确观测到。

海山生态系统复杂多样，因海山的形成历史、大小、深度和位置不同，可造成生物的生境、生物地理特征及区系组成发生改变（Rowden et al.，2005）。海山生物在地理和空间上的扩布主要受水文动力控制。海山的分布是不连续的，某些生物的扩布能力有限，分布于局部范围内，形成本地种，而某些生物可以扩布至数百甚至数千千米的海山间，海山由此被认为是深海生命扩布与进化的踏脚石（Richer de Forges et al.，2000）。不同海山区具有各自独特的水动力环境，海山特定的地理和水文条件，造就了独特的生物群落结构，极具生态价值，成为全球深海生物多样性研究的热点区域，是研究深海物理和生物过程相互作用而引起物种隔离、分化和扩布的天然实验室（Shank，2010）。

海山生物群落随水深和底质类型的变化呈现明显的动物群更替，主要受底质类型，以及与水深关联的水温、压力、溶解氧、光照及食物等诸多因素的影响。迄今，对于何种因素驱动了海山的生物多样性及分布依然是个谜。不同底质类型往往分布着不同的生物类群，软底沉积中以海鳃、海星、海胆、海参等较为常见，而岩石硬底则以海绵、黑珊瑚、柳珊瑚和柱星螅等占优势，这些生物还作为建群生物，为蛇尾、铠甲虾等生物提供栖息环境，由此提高了物种丰富度。海山群落在1 km高度的变化，几乎可与水平尺度1000 km的变化相比拟，反映出随深度和底质类型变化出现的动物群更替。从食物来源上，深海底生物主要依赖上层水体生物生产并向下输运的有机物质，食物缺乏是深海底生物的常态。不同深度的海流可为海山的滤食性动物提供外来的食物来源，从而影响底栖动物的数量分布及物种多样性（Henry et al.，2014；Thresher et al.，2014）。

海山是深海大洋中高生产力、高物种多样性的区域，栖息着几乎所有门类的动物。海山多为岩石底质，生物以附着或固着生活的滤食性物种为主。海山研究关注最多的是巨型底栖动物（简称巨型动物），即个体超过2 cm、通过海底影像即可清晰辨别类群的超大型底栖动物。其中，柳珊瑚、黑珊瑚、海葵、海鳃、柱星螅等刺胞动物是海山常见且数量占优势的类群；多孔动物中以玻璃海绵最占优势，寻常海绵较少；棘皮动物通常是海山的第三大优势类群，以海星、蛇尾、海参、海胆、海百合等最为常见；软体动物以腹足类居多，双壳类较少；甲壳动物以附生于珊瑚的铠甲虾最具多样性，线足虾、棒指虾、石蟹、寄居蟹等也是常客；底层鱼类常见的有海蜥鱼、深海狗母鱼、鮟鱇等。

在中高纬度及少数低纬度的海山，常可见到成片的珊瑚林（coral garden）和海绵场（sponge meadow），海山由此常被称为深海的“海底花园”。海山还是许多古老生物的避难所，生物生长缓慢，寿命大都很长，一些生物已经生长了几百年甚至数千年之久。目前，世界上已知最年老的海洋生物是一株采自夏威夷附近海山的黑珊瑚，同位素测年显示已生长了4200多年。这些特殊的生物，一旦因渔业捕捞或者矿产资源开发而遭到破坏，则极难恢复。

海山的生物多样性

目前，对于全球海山生物多样性及分布认知争议较大，提出了种种假说，关注较多的有“孤岛假说”、“特有种假说”和“绿洲假说”。“孤岛假说”是最早提出的一种假说（Hubbs，1959），认为海山类似岛屿，生物多样性低但独特，特有种可达75%。随后提出的“特有种假说”认为，海山生境特殊并形成隔离，生物多样性高且特有种多（Wilson & Kaufmann，1987）。由此，在生物多样性保护中海山被认为是生物多样性热点（O'Hara 2007；McClain et al.，2009）。

对于海山的高特有种比例，有观点认为这可能是调查不足所致（Hall-Spencer et al.，2007），因为随着调查的深入，特有种比例逐渐降低，一些遗传学研究也不支持种群隔离的观点（Samadi et al.，2006）。高特有种比例是"孤岛假说"和"特有种假说"的主要依据，但已调查海山的特有种占比在5%～35%，以调查最为充分的东太平洋Davidson海山为例，其特有种比例仅约7%（McClain，2007；McClain et al.，2009）。这一比例远低于热泉中高达75%的特有种比例（Tunnicliffe et al.，1998），即便相较岛屿陆生生物也是较低的（Whittaker & Fernández-Palacios，2007）。

新近的"绿洲假说"认为，海山类似沙漠绿洲，突出的地貌特征和水团的相互作用使得海山区营养物质丰富，造成海山的高生产力和高生物量，进而形成高多样性（Samadi et al.，2006）。海山的高生物多样性是生物和物理耦合的结果（Genin，2004）。海山相较周边深海具有更高的生物量，就数量而言，深海绿洲之说无可非议。然而，一般意义上的绿洲并不具有高生物多样性，物种组成上也不具有特异性，这一点与海山上发现的不同比例的特有种是相悖的。

总体上，目前尚无一个假说能解释大部分海山的生物多样性分布。海山是一个复杂的深海生态系统，海山的位置、深度、水文条件、底质类型、地质活动等都对海山生物区系产生不同程度的影响。不同海山往往有不同的生境条件，从而导致了海山生物区系组成差异较大。调查采样和研究的不足是造成目前种种不明假说的根源。受调查区域、取样设备、调查和研究强度等方面的限制，研究结果存在代表性不强、可比性差等问题，这也是造成海山系统存在各种假说与争议的一个主要原因。

国内外研究现状

深海生物多样性研究的最大困难在于样品和数据的获取，而海山由于地形复杂，生物取样较之一般深海更难。全球逾3万个海山中，已开展生物取样的仅占1%，取样较全面的仅约50座，海山仍是"人类最不了解的生物栖息地"之一。Wilson和Kaufmann（1987）曾总结100多座海山调查所鉴定的1045种海洋植物、无脊椎动物和鱼类，其中无脊椎动物597种。Stocks（2004）整合了全球171座海山的调查结果，统计了1971种无脊椎动物。SeamountsOnline曾收录246座海山调查的17 283条生物记录，涉及近2000种有效种。迄今在几乎所有海山调查中均有新种被发现，且新调查区域的海山中往往新种比例更高。Richer de Forges等（2000）在西南太平洋海山调查中所获的850种大型和巨型动物中，29%～34%的物种都是新种。因此，海山实际存在的物种数要远比目前记录的多。

对于海山生物多样性的研究基本局限于巨型底栖生物，对海山的底内动物及个体较小的大型底栖动物研究较少，微型和小型底栖生物则研究更少。而且，大部分研究仅关注物种的组成，对整体群落结构及分布的研究少。受样品获取限制和采样不足，相当部分的海山生物分类鉴定依据的是对海底生物影像的分析，许多新奇的生物因缺乏样本而无法予以定种，而大量个体较小或稀有的生物仅能鉴定到较高的分类阶元。另外，大部分已知海山生物的种类鉴定仅基于形态特征，缺乏分子方面的证据，对于许多形态相似种的鉴定仍然存疑。

2003年，联合国海洋问题非正式协商会议审议了国家管辖范围以外：海山的可持续利用和脆弱海洋生态系统养护问题。海山及冷水珊瑚等已作为深海脆弱生态系统纳入议题中。自此，海山系统成为国际深海探测研究的热点，相关国家及国际组织加快向深海进军的步伐，启动了一系列深海海山的探测计划。欧盟发起了对北大西洋海山的综合研究（Oceanic Seamounts: an Integrated Study，OASIS）。国际海洋生物普查（Census of Marine Life，CoML）计划自2005～2010年开展了名为CenSeam（a global census of marine life on seamounts）的海山研究，获得了大量新发现（Stocks et al., 2012），并建立了有关海山生物构成、分布及文献等的网站。2009年3月，启动了海山生态系统评估的SEEF计划（Seamount Ecosystem Evaluation Framework）。

近年来，联合国开始着手制定国家管辖范围以外区域海洋生物多样性（BBNJ）养护与可持续利用相关协定。2017年，BBNJ问题第4次预备委员会根据联合国2015年6月19日通过的第69/292号决议的要求，向联合国大会提交了最终的《海洋生物多样性养护和可持续利用的具有法律约束力的国际文书建议草案》。2018～2019年，已在联合国主持下组织了3次政府间会议，讨论具有法律约束力的国际文书草案。谈判最终将形成《联合国海洋法公约》的第3个具有法律约束的条款，其制定和实施将重构全球海洋利益格局。海山作为深海中的生物多样性热点，将在深海生物多样性保护和深海保护区的划设中受到重要关注。

我国近年来陆续开展了以“蛟龙”号载人潜水器（HOV）和“发现”号ROV为代表的海山探测，在南海、西太平洋和中太平洋等海域取得了大量第一手的海底影像资料和样品，显著提升了探测水平。但总体上有关海山的报道主要集中在矿产资源勘探、地质学和环境影响评价方面（杨金玉等，2001；林巍等，2013；郭琳等，2016）。对于海山生物多样性研究，基本以新物种的分类学报道为主，缺乏海山生物群落和生物多样性格局及连通性方面的研究（张均龙和徐奎栋，2013；马骏等，2018）。开展对海山生物本底资源的调查和研究，是进行海山资源有序开发利用和保护的先行基础。掌握深海及海山的环境数据和样品，有效应对深海资源勘探、获取、公海保护区划设等议题，关乎着我国在海山等深海大洋资源开发与管理等领域的权益维护，有助于加强我国在国际相关领域的话语权，提高国际影响力。

所涉的三座海山及生物

本书所涉的三座海山位于热带西太平洋雅浦海沟-马里亚纳海沟-卡罗琳洋脊交联区。雅浦海山（Y3海山）的山顶位于8°51′N，137°47′E；马里亚纳海山（M2海山）的山顶位于11°19′N，139°20′E；卡罗琳海山（M4海山）的山顶位于10°29′N，140°8′E（图I）。

雅浦海山属尖顶海山，山顶最浅水深约246 m，海山东侧濒临雅浦海沟，水深达8700 m。山顶为岩石组成的硬底，山坡岩石林立且地形多变，呈上陡下缓。从山顶向下，平缓的山坡覆盖有较厚的有孔虫砂。通过ROV进行的地形扫描显示，900 m以深的海山几乎为有孔虫砂所覆盖，在900 m水深的山坡利用ROV进行的钻机取样显示，至60 cm层深仍然为有孔虫砂，有机质含量少。ROV在雅浦海山下潜8次，采获巨型和大型底栖生物132号约120多种。

马里亚纳海山是一座平顶海山，山顶最浅水深约20 m，基底以玄武岩为主，表面附着碳酸盐岩。整体海山以500 m水深为界限，500 m以浅几乎全部被碳酸盐岩覆盖，其中100 m以浅生长大量活体珊瑚礁及海藻。北坡、东坡和西坡地形较缓，水深500～1500 m呈现沙地-戈壁-碎石滩-巨石交替出现的地貌。沉积物以珊瑚砂、贝壳砂等生物碎屑为主，在粒度上从浅水到深水逐渐变

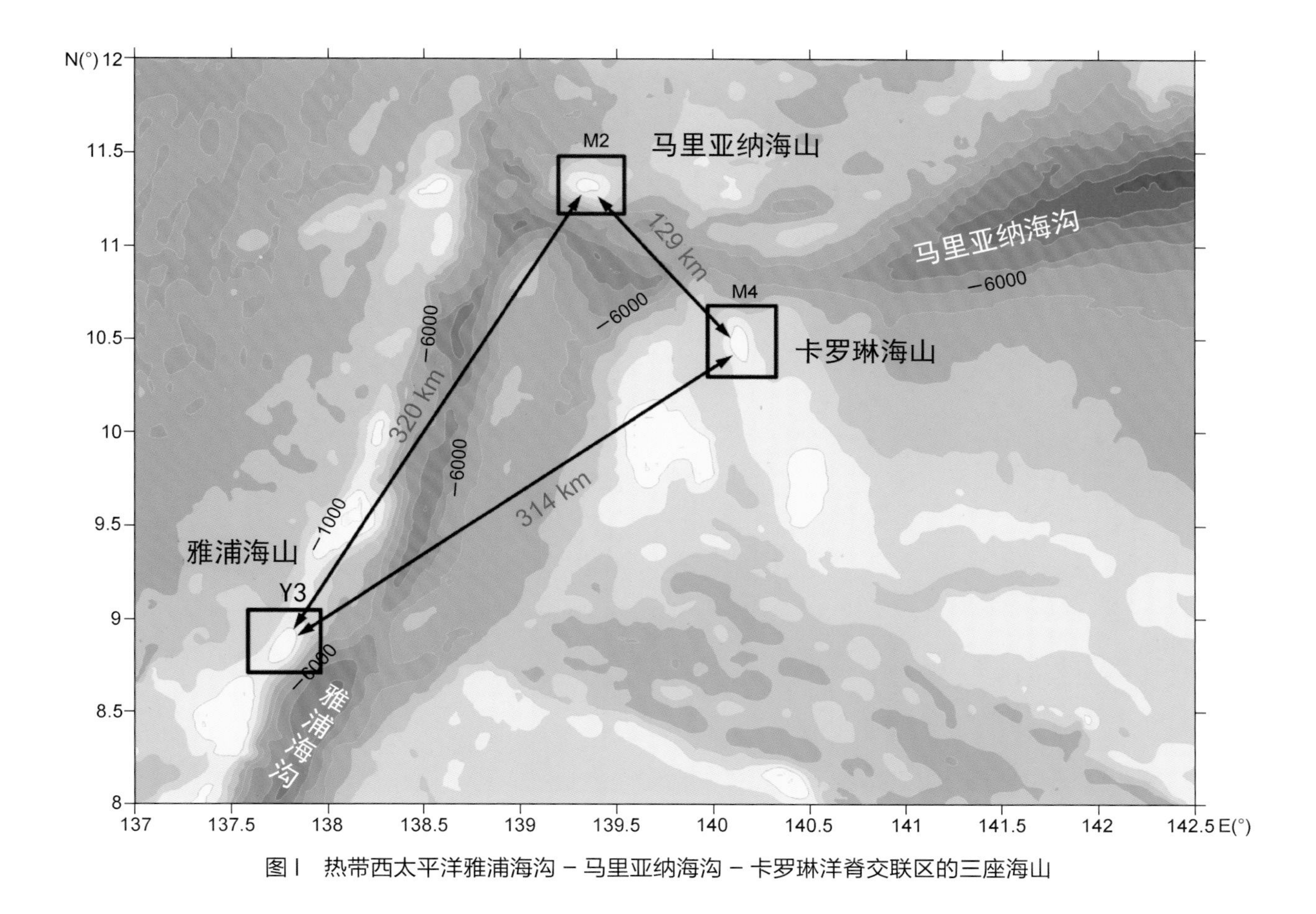

图I　热带西太平洋雅浦海沟－马里亚纳海沟－卡罗琳洋脊交联区的三座海山

细。从沉积物表面常出现的波痕看，海底有较强的底流存在。南坡在水深500～1500 m段地势非常陡峭，受到马里亚纳海沟俯冲过程的剥蚀作用非常强烈。东坡水深500 m处观察到了疑似海蚀地貌，巨大的火山岩块表面出现海蚀沟、海蚀洞等地貌，显示该海山可能存在基底下沉 / 海面上升等演化过程。ROV在马里亚纳海山下潜15次，采获巨型和大型底栖生物样品287号约170种。

卡罗琳海山是一座典型的平顶海山，最浅水深约28 m，最大水深约6600 m，处于北部的马里亚纳海沟中，海山基底以上高约3000 m（图II）。海山整体地势较高，起伏变化大，地形复杂。该海山呈走向160°，顶部类似一个“盆状”，南北长约12.3 km，东西宽4.5 km，四周边缘平均水深约40 m，中间平均水深约100 m。整体上来看，山顶周边300～100 m等深线范围内，坡度都在70°以上。海山四边的最大坡度在170～280 m水深处，最大坡度为76°～77°。在海山东侧发现了一个自水深1500 m延伸到山顶的长约4 km，宽50～100 m的海岭。在此发现了成片的“珊瑚林”及许多海绵，其上还附生着海葵、蛇尾等生物，形成了通常只有在中高纬度海域的海山才得以一见的高生物量和高生物多样性景观。ROV在卡罗琳海山下潜14次，获得了巨型和大型底栖生物样品273号约170种。

基于上述三座海山调查所获的巨型动物原位影像资料，本书分类整理了280种海山动物的原位生物图像，涉及多孔动物、刺胞动物、软体动物、节肢动物、棘皮动物和鱼类六大类。部分生物已结合生物标本的分类学研究，鉴定到种，包括已发表的新物种；部分物种仅鉴定到属，甚至更高的分类阶元；也有一些活动能力强的种类，如虾和鱼类等未能采获，仅通过ROV影像分析鉴定到某一类群。希冀在展示丰富多彩的海山生物的同时，为热带西太平洋海山生物的构成和分布研究提供

图II 卡罗琳海山地形图

素材。

主要参考文献

杨金玉，张训华，王修田．2001．南海中部海山性质研究．海洋科学，7：31-34.

林巍，张健，李家彪．2013．南海中央海盆扩张期后海山链岩浆活动的热模拟研究．海洋科学，37（4）：81-87.

张均龙，徐奎栋．2013．海山生物多样性研究进展与展望．地球科学进展，28（11）：17-24.

郭琳，冯志纲，张均龙，等．2016．基于SCI-E的国际海山生物多样性研究现状及研究热点解析．海洋科学，40（4）：116-125.

马骏，宋金明，李学刚，等．2018．大洋海山及其生态环境特征研究进展．海洋科学，42（6）：150-160.

Clark MR, Rowden AA, Schlacher T, et al. 2010. The ecology of seamounts: structure, function, and human impacts. *Annual Review of Marine Science*, 2: 253-278.

Genin A. 2004. Bio-physical coupling in the formation of zooplankton and fish aggregations over abrupt topographies. *Journal of Marine Systems*, 50: 3-20.

Hall-Spencer J, Rogers A, Davies J, et al. 2007. Deep-sea coral distribution on seamounts, oceanic islands, and continental slopes in the Northeast Atlantic. *Bulletin of Marine Science*, 81 (Suppl. 1): 135-146.

Henry LA, Vad J, Findlay HS, et al. 2014. Environmental variability and biodiversity of megabenthos on the Hebrides Terrace Seamount (Northeast Atlantic). *Scientific Reports*, 4: 5589.

6. 寻常海绵纲未定种 2 Demospongiae sp. 2

分类学地位

寻常海绵纲 Class Demospongiae Sollas, 1885

采集地　马里亚纳海山

水深　500～510 m

分布　热带西太平洋

7. 寻常海绵纲未定种 3 Demospongiae sp. 3

分类学地位

寻常海绵纲 Class Demospongiae Sollas, 1885

采集地 雅浦海山

水深 305～381 m

分布 热带西太平洋

六放海绵纲 Class Hexactinellida Schmidt, 1870

8. 拂子介属未定种 *Hyalonema* sp.

分类学地位

双盘海绵亚纲 Subclass Amphidiscophora Schulze, 1886

　双盘海绵目 Order Amphidiscosida Schrammen, 1924

　　拂子介科 Family Hyalonematidae Gray, 1857

　　　拂子介属 Genus *Hyalonema* Gray, 1832

采集地 卡罗琳海山，马里亚纳海山

水深 550～930 m

分布 热带西太平洋

9. 蘑菇拟围线海绵 *Pheronemoides fungosum* Gong & Li, 2017

分类学地位

双盘海绵亚纲 Subclass Amphidiscophora Schulze, 1886

双盘海绵目 Order Amphidiscosida Schrammen, 1924

围线海绵科 Family Pheronematidae Gray, 1870

拟围线海绵属 Genus *Pheronemoides* Gong & Li, 2017

采集地 卡罗琳海山，雅浦海山

水深 906～958 m

分布 热带西太平洋

10. 拟围线海绵属未定种 *Pheronemoides* sp.

分类学地位

双盘海绵亚纲 Subclass Amphidiscophora Schulze, 1886

双盘海绵目 Order Amphidiscosida Schrammen, 1924

围线海绵科 Family Pheronematidae Gray, 1870

拟围线海绵属 Genus *Pheronemoides* Gong & Li, 2017

采集地 卡罗琳海山

水深 1429 m

分布 热带西太平洋

11. 扭形白须海绵 *Poliopogon distortus* Gong & Li, 2018

分类学地位

双盘海绵亚纲 Subclass Amphidiscophora Schulze, 1886

双盘海绵目 Order Amphidiscosida Schrammen, 1924

围线海绵科 Family Pheronematidae Gray, 1870

白须海绵属 Genus *Poliopogon* Thomson, 1878

采集地 雅浦海山，马里亚纳海山，卡罗琳海山

水深 710～932 m

分布 热带西太平洋

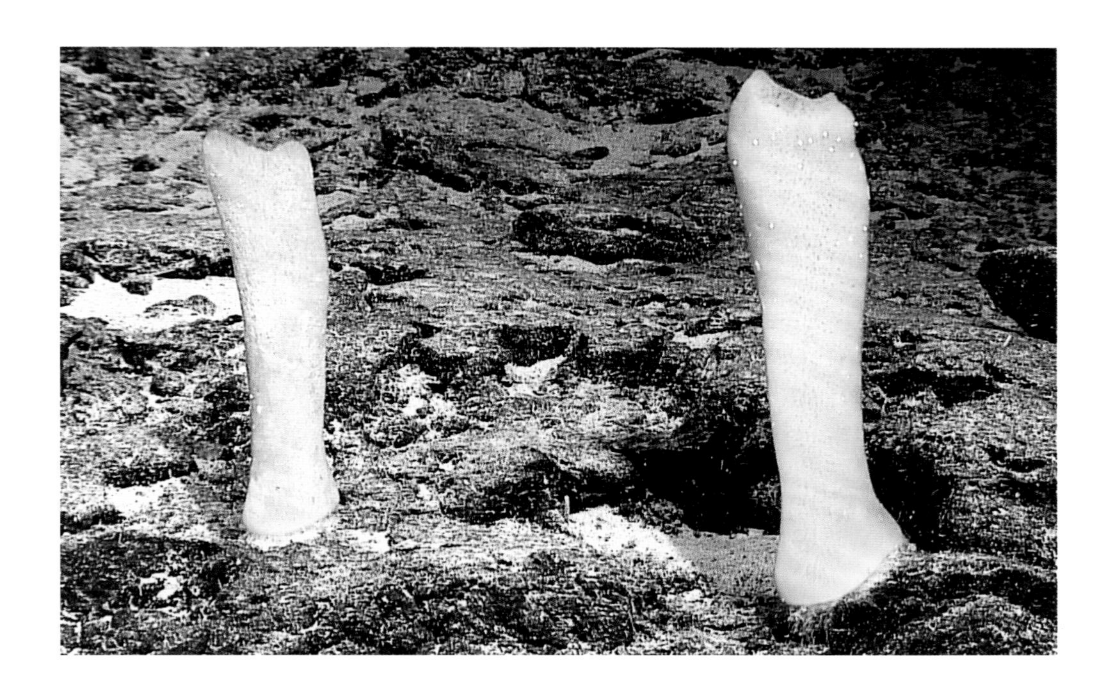

12. 白须海绵属未定种 1 *Poliopogon* sp. 1

分类学地位

双盘海绵亚纲 Subclass Amphidiscophora Schulze, 1886

双盘海绵目 Order Amphidiscosida Schrammen, 1924

围线海绵科 Family Pheronematidae Gray, 1870

白须海绵属 Genus *Poliopogon* Thomson, 1878

采集地 马里亚纳海山

水深 2000 m

分布 热带西太平洋

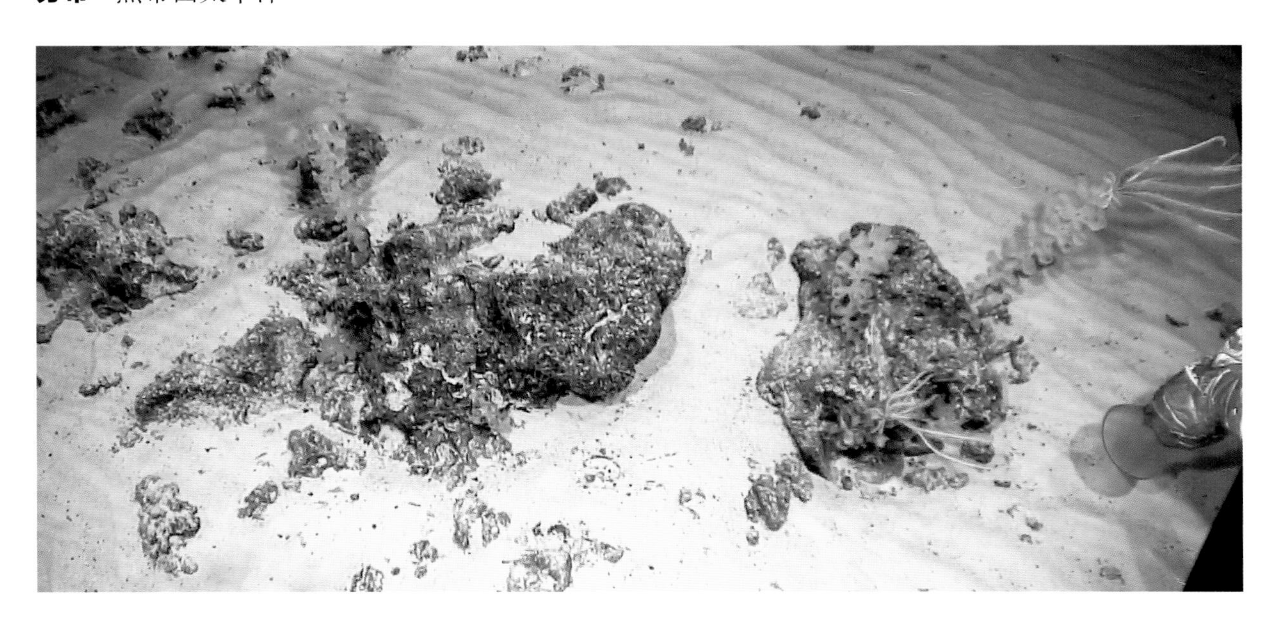

13. 白须海绵属未定种 2 *Poliopogon* sp. 2

分类学地位

双盘海绵亚纲 Subclass Amphidiscophora Schulze, 1886

双盘海绵目 Order Amphidiscosida Schrammen, 1924

围线海绵科 Family Pheronematidae Gray, 1870

白须海绵属 Genus *Poliopogon* Thomson, 1878

采集地 马里亚纳海山

水深 700 m

分布 热带西太平洋

14. 蛟龙棍棒海绵 *Semperella jiaolongae* Gong, Li & Qiu, 2015

分类学地位

双盘海绵亚纲 Subclass Amphidiscophora Schulze, 1886

双盘海绵目 Order Amphidiscosida Schrammen, 1924

围线海绵科 Family Pheronematidae Gray, 1870

棍棒海绵属 Genus *Semperella* Gray, 1868

采集地 马里亚纳海山

水深 780 m

分布 热带西太平洋

15. 棍棒海绵属未定种 *Semperella* sp.

分类学地位

双盘海绵亚纲 Subclass Amphidiscophora Schulze, 1886

双盘海绵目 Order Amphidiscosida Schrammen, 1924

围线海绵科 Family Pheronematidae Gray, 1870

棍棒海绵属 Genus *Semperella* Gray, 1868

采集地 马里亚纳海山

水深 1680～2020 m

分布 热带西太平洋

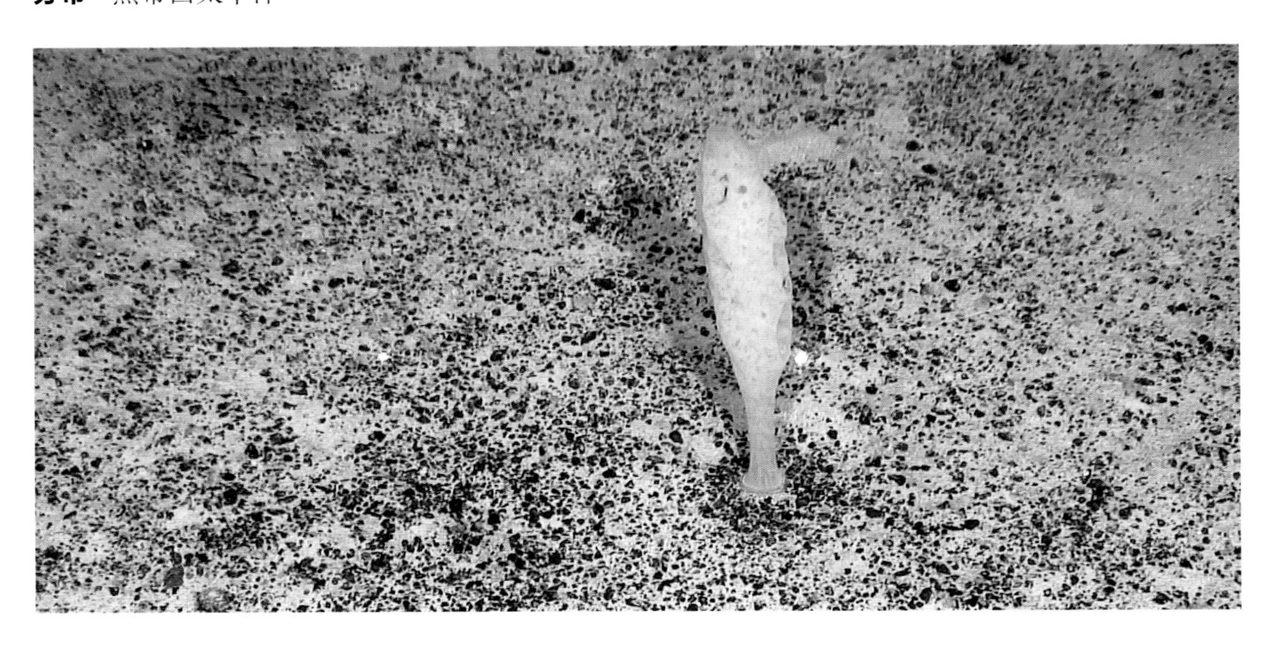

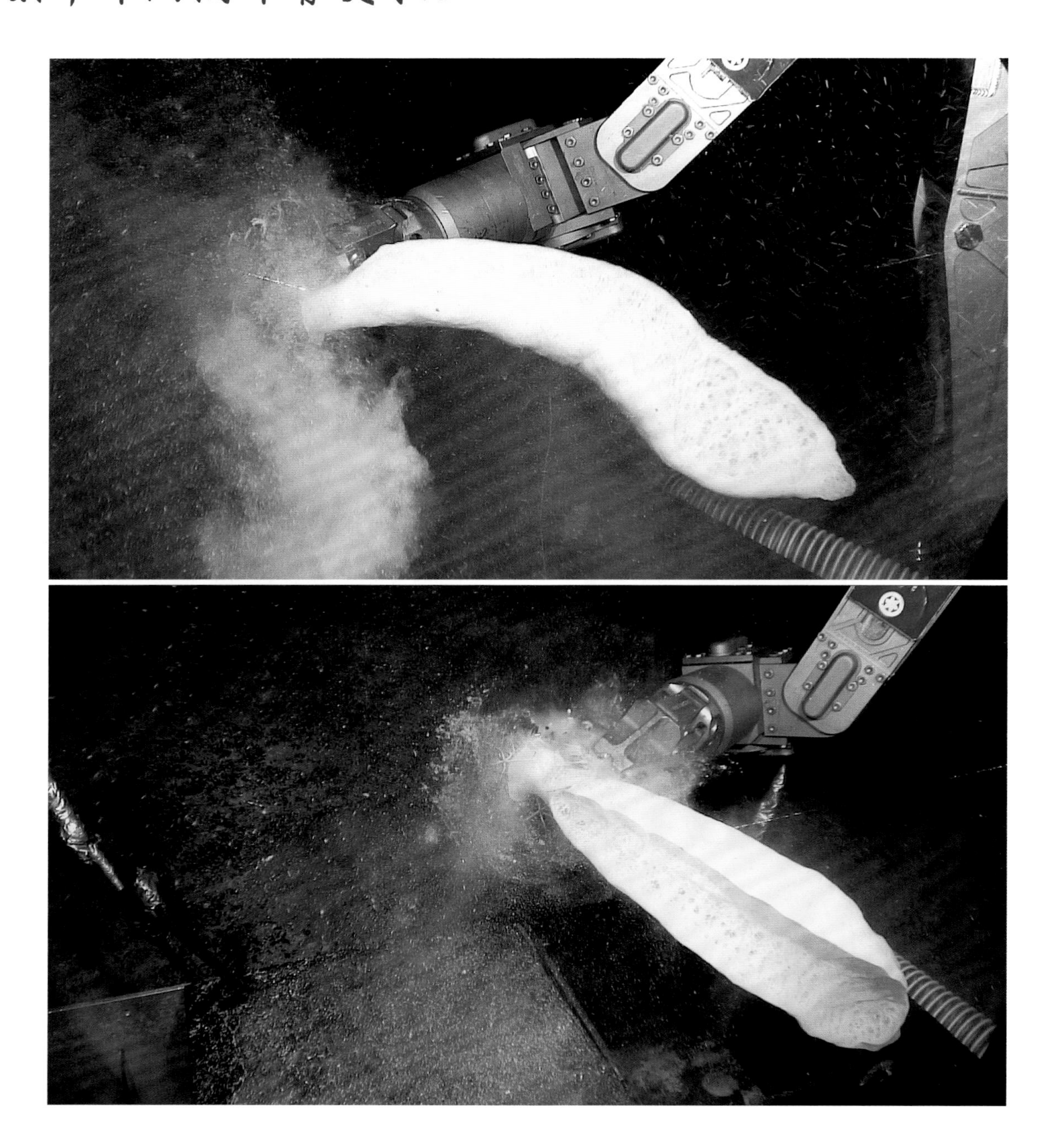

16. 卡萨丝冠海绵 *Sericolophus calsubus* Tabachnick & Lévi, 2000

分类学地位

双盘海绵亚纲 Subclass Amphidiscophora Schulze, 1886

双盘海绵目 Order Amphidiscosida Schrammen, 1924

围线海绵科 Family Pheronematidae Gray, 1870

丝冠海绵属 Genus *Sericolophus* Ijima, 1901

采集地 雅浦海山，马里亚纳海山，卡罗琳海山

水深 790～1630 m

分布 热带西太平洋

20. 娟网海绵属未定种 *Farrea* sp.

分类学地位

六放海绵亚纲 Subclass Hexasterophora Schulze, 1886
　帚状海绵目 Order Sceptrulophora Mehl, 1992
　　娟网海绵科 Family Farreidae Gray, 1872
　　　娟网海绵属 Genus *Farrea* Bowerbank, 1862

采集地　卡罗琳海山，马里亚纳海山

水深　400～1330 m

分布　热带西太平洋

21. 孔肋海绵属未定种 *Tretopleura* sp.

分类学地位

六放海绵亚纲 Subclass Hexasterophora Schulze, 1886

帚状海绵目 Order Sceptrulophora Mehl, 1992

钩海绵科 Family Uncinateridae Reiswig, 2002

孔肋海绵属 Genus *Tretopleura* Ijima, 1927

采集地 卡罗琳海山

水深 1015～1022 m

分布 热带西太平洋

28. 多棘舟体海绵 *Corbitella polyacantha* Kou, Gong & Li, 2018

分类学地位

六放海绵亚纲 Subclass Hexasterophora Schulze, 1886

松骨海绵目 Order Lyssacinosida Zittel, 1877

偕老同穴海绵科 Family Euplectellidae Gray, 1867

舟体海绵亚科 Subfamily Corbitellinae Gray, 1872

舟体海绵属 Genus *Corbitella* Gray, 1867

采集地 马里亚纳海山，卡罗琳海山

水深 810～1391 m

分布 热带西太平洋

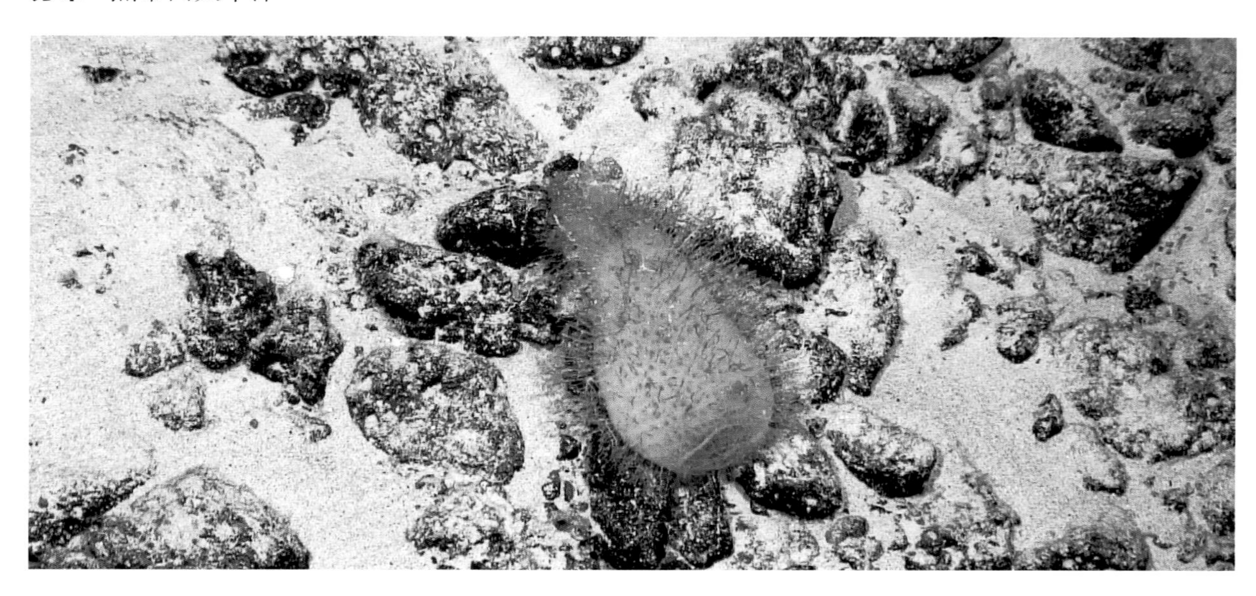

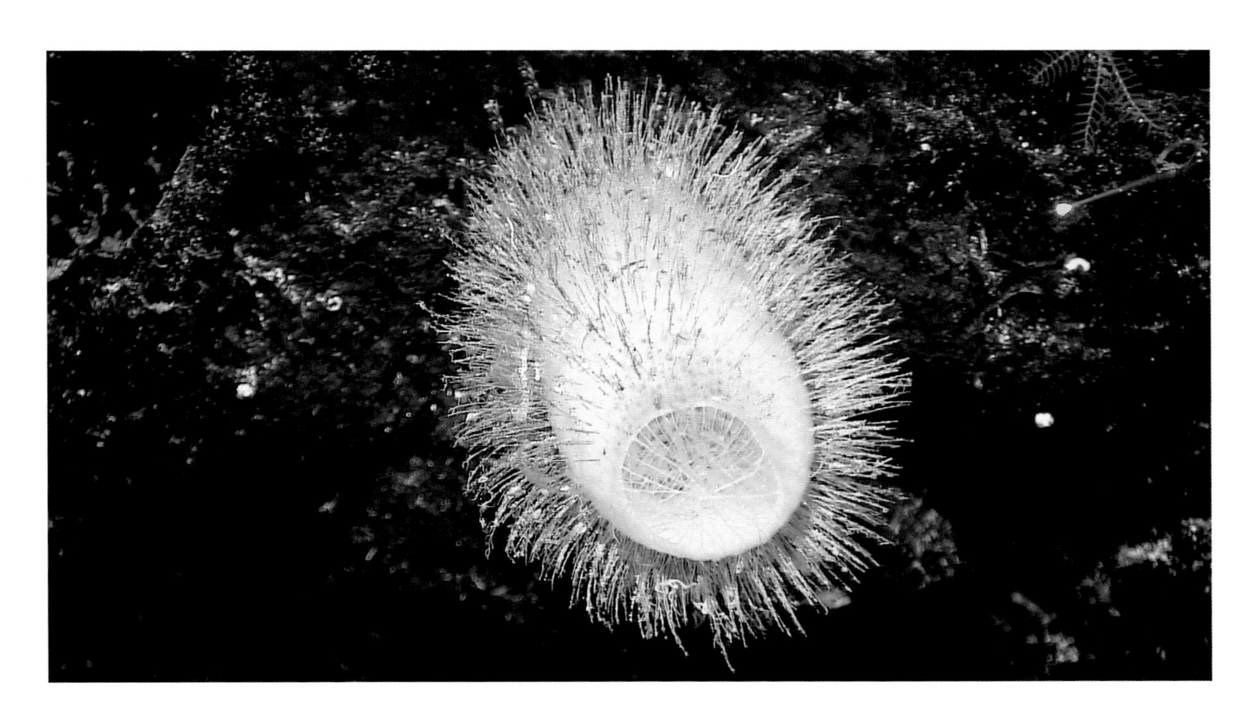

29. 网萼海绵属未定种 *Dictyocalyx* sp.

分类学地位

六放海绵亚纲 Subclass Hexasterophora Schulze, 1886

松骨海绵目 Order Lyssacinosida Zittel, 1877

偕老同穴海绵科 Family Euplectellidae Gray, 1867

舟体海绵亚科 Subfamily Corbitellinae Gray, 1872

网萼海绵属 Genus *Dictyocalyx* Schulze, 1886

采集地 马里亚纳海山，雅浦海山

水深 850～1113 m

分布 热带西太平洋

30. 瓦尔特海绵属未定种 *Walteria* sp.

分类学地位

六放海绵亚纲 Subclass Hexasterophora Schulze, 1886

松骨海绵目 Order Lyssacinosida Zittel, 1877

偕老同穴海绵科 Family Euplectellidae Gray, 1867

舟体海绵亚科 Subfamily Corbitellinae Gray, 1872

瓦尔特海绵属 Genus *Walteria* Schulze, 1886

采集地 卡罗琳海山，马里亚纳海山

水深 1391～1720 m

分布 热带西太平洋

31. 舟体海绵亚科未定种 1 Corbitellinae sp. 1

分类学地位

六放海绵亚纲 Subclass Hexasterophora Schulze, 1886

松骨海绵目 Order Lyssacinosida Zittel, 1877

偕老同穴海绵科 Family Euplectellidae Gray, 1867

舟体海绵亚科 Subfamily Corbitellinae Gray, 1872

采集地 马里亚纳海山

水深 1450 m

分布 热带西太平洋

32. 舟体海绵亚科未定种 2 Corbitellinae sp. 2

分类学地位

六放海绵亚纲 Subclass Hexasterophora Schulze, 1886

松骨海绵目 Order Lyssacinosida Zittel, 1877

偕老同穴海绵科 Family Euplectellidae Gray, 1867

舟体海绵亚科 Subfamily Corbitellinae Gray, 1872

采集地 卡罗琳海山

水深 1387 m

分布 热带西太平洋

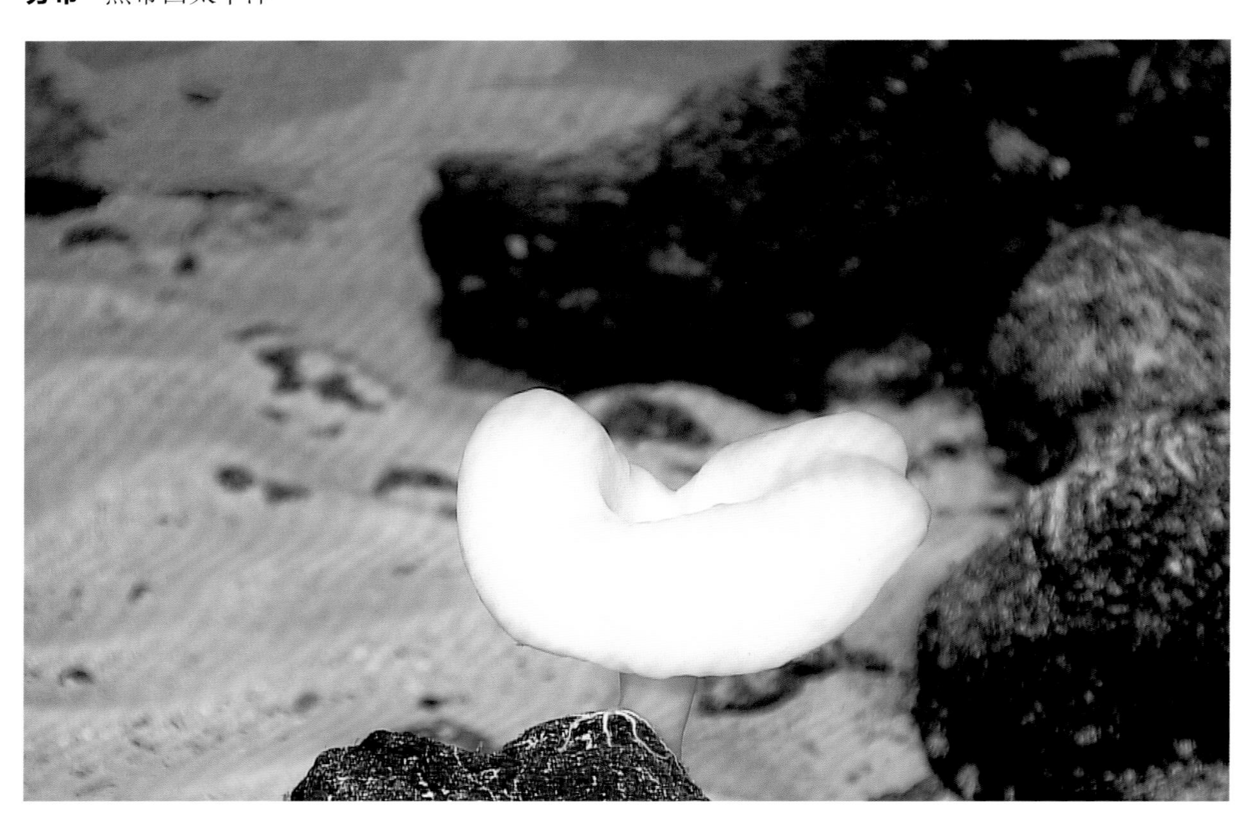

33. 舟体海绵亚科未定种 3 Corbitellinae sp. 3

分类学地位

六放海绵亚纲 Subclass Hexasterophora Schulze, 1886

松骨海绵目 Order Lyssacinosida Zittel, 1877

偕老同穴海绵科 Family Euplectellidae Gray, 1867

舟体海绵亚科 Subfamily Corbitellinae Gray, 1872

采集地 卡罗琳海山，马里亚纳海山

水深 1000～1544 m

分布 热带西太平洋

34. 棘骨海绵亚科未定种 Acanthascinae sp.

分类学地位

六放海绵亚纲 Subclass Hexasterophora Schulze, 1886

松骨海绵目 Order Lyssacinosida Zittel, 1877

花骨海绵科 Family Rossellidae Schulze, 1885

棘骨海绵亚科 Subfamily Acanthascinae Schulze, 1897

采集地 马里亚纳海山

水深 700 m

分布 热带西太平洋

35. 长茎海绵属未定种 1 *Caulophacus* sp. 1

分类学地位

六放海绵亚纲 Subclass Hexasterophora Schulze, 1886

  松骨海绵目 Order Lyssacinosida Zittel, 1877

    花骨海绵科 Family Rossellidae Schulze, 1885

      柔毛海绵亚科 Subfamily Lanuginellinae Gray, 1872

        长茎海绵属 Genus *Caulophacus* Schulze, 1886

采集地 雅浦海山

水深 980～3828 m

分布 热带西太平洋

36. 长茎海绵属未定种 2 *Caulophacus* sp. 2

分类学地位

六放海绵亚纲 Subclass Hexasterophora Schulze, 1886

　松骨海绵目 Order Lyssacinosida Zittel, 1877

　　花骨海绵科 Family Rossellidae Schulze, 1885

　　　柔毛海绵亚科 Subfamily Lanuginellinae Gray, 1872

　　　　长茎海绵属 Genus *Caulophacus* Schulze, 1886

采集地　卡罗琳海山

水深　1053 m

分布　热带西太平洋

刺胞动物门

Phylum Cnidaria Haeckel, 1888

珊瑚虫纲 Class Anthozoa Ehrenberg, 1834

37. 角海葵科未定种 Ceriantharia sp.

分类学地位

角海葵亚纲 Subclass Ceriantharia Perrier, 1883

角海葵目 Order Ceriantharia Perrier, 1883

角海葵科 Family Cerianthidae Milne-Edwards & Haime, 1852

采集地 雅浦海山，马里亚纳海山

水深 430～500 m

分布 热带西太平洋

38. 强壮从海葵 *Actinernus robustus* (Hertwig, 1882)

分类学地位

六放珊瑚亚纲 Subclass Hexacorallia Haeckel, 1866

海葵目 Order Actiniaria Hertwig, 1882

奇海葵亚目 Suborder Anenthemonae Rodríguez & Daly, 2014

从海葵总科 Superfamily Actinernoidea Rodríguez & Daly, 2014

从海葵科 Family Actinernidae Stephenson, 1922

从海葵属 Genus *Actinernus* Verrill, 1879

采集地 马里亚纳海山

水深 1630～1635 m

分布 日本南部；热带西太平洋

39. 从海葵属未定种 *Actinernus* sp.

分类学地位

六放珊瑚亚纲 Subclass Hexacorallia Haeckel, 1866

　海葵目 Order Actiniaria Hertwig, 1882

　　奇海葵亚目 Suborder Anenthemonae Rodríguez & Daly, 2014

　　　从海葵总科 Superfamily Actinernoidea Rodríguez & Daly, 2014

　　　　从海葵科 Family Actinernidae Stephenson, 1922

　　　　　从海葵属 Genus *Actinernus* Verrill, 1879

采集地　卡罗琳海山

水深　218～223 m

分布　热带西太平洋

40. 共正海葵属未定种 *Synhalcurias* sp.

分类学地位

六放珊瑚亚纲 Subclass Hexacorallia Haeckel, 1866

海葵目 Order Actiniaria Hertwig, 1882

奇海葵亚目 Suborder Anenthemonae Rodríguez & Daly, 2014

从海葵总科 Superfamily Actinernoidea Rodríguez & Daly, 2014

从海葵科 Family Actinernidae Stephenson, 1922

共正海葵属 Genus *Synhalcuria* Carlgren, 1914

采集地 卡罗琳海山

水深 1024～1432 m

分布 热带西太平洋

41. 葫芦海葵属未定种 *Sicyonis* sp.

分类学地位

六放珊瑚亚纲 Subclass Hexacorallia Haeckel, 1866

　海葵目 Order Actiniaria Hertwig, 1882

　　海葵亚目 Suborder Enthemonae Rodríguez & Daly, 2014

　　　甲胄海葵总科 Superfamily Actinostoloidea Rodríguez & Daly, 2014

　　　　甲胄海葵科 Family Actinostolidae Carlgren, 1893

　　　　　葫芦海葵属 Genus *Sicyonis* Hertwig, 1882

采集地　马里亚纳海山

水深　615～1264 m

分布　热带西太平洋

42. 甲胄海葵科未定种 1 Actinostolidae sp. 1

分类学地位

六放珊瑚亚纲 Subclass Hexacorallia Haeckel, 1866

海葵目 Order Actiniaria Hertwig, 1882

海葵亚目 Suborder Enthemonae Rodríguez & Daly, 2014

甲胄海葵总科 Superfamily Actinostoloidea Rodríguez & Daly, 2014

甲胄海葵科 Family Actinostolidae Carlgren, 1893

采集地 卡罗琳海山

水深 698～1072 m

分布 热带西太平洋

43. 甲胄海葵科未定种 2 Actinostolidae sp. 2

分类学地位

六放珊瑚亚纲 Subclass Hexacorallia Haeckel, 1866

海葵目 Order Actiniaria Hertwig, 1882

海葵亚目 Suborder Enthemonae Rodríguez & Daly, 2014

甲胄海葵总科 Superfamily Actinostoloidea Rodríguez & Daly, 2014

甲胄海葵科 Family Actinostolidae Carlgren, 1893

采集地　卡罗琳海山

水深　1219～1337 m

分布　热带西太平洋

44. 掷海葵属未定种 1 *Bolocera* sp. 1

分类学地位

六放珊瑚亚纲 Subclass Hexacorallia Haeckel, 1866

海葵目 Order Actiniaria Hertwig, 1882

海葵亚目 Suborder Enthemonae Rodríguez & Daly, 2014

海葵总科 Superfamily Actinoidea Rodríguez & Daly, 2014

海葵科 Family Actiniidae Rafinesque, 1815

掷海葵属 Genus *Bolocera* Gosse, 1860

采集地 雅浦海山，马里亚纳海山，卡罗琳海山

水深 760～1115 m

分布 热带西太平洋

45. 掷海葵属未定种 2 *Bolocera* sp. 2

分类学地位

六放珊瑚亚纲 Subclass Hexacorallia Haeckel, 1866

海葵目 Order Actiniaria Hertwig, 1882

海葵亚目 Suborder Enthemonae Rodríguez & Daly, 2014

海葵总科 Superfamily Actinoidea Rodríguez & Daly, 2014

海葵科 Family Actiniidae Rafinesque, 1815

掷海葵属 Genus *Bolocera* Gosse, 1860

采集地 马里亚纳海山，卡罗琳海山

水深 906～1232 m

分布 热带西太平洋

46. 铜色柱行海葵 *Stylobates aeneus* Dall, 1903

分类学地位

六放珊瑚亚纲 Subclass Hexacorallia Haeckel, 1866

海葵目 Order Actiniaria Hertwig, 1882

海葵亚目 Suborder Enthemonae Rodríguez & Daly, 2014

海葵总科 Superfamily Actinoidea Rodríguez & Daly, 2014

海葵科 Family Actiniidae Rafinesque, 1815

柱行海葵属 Genus *Stylobates* Dall, 1903

采集地　雅浦海山，马里亚纳海山，卡罗琳海山

水深　255～372 m

分布　夏威夷，关岛；热带西太平洋

47. 捕蝇草海葵属未定种 *Actinoscyphia* sp.

分类学地位

六放珊瑚亚纲 Subclass Hexacorallia Haeckel, 1866
海葵目 Order Actiniaria Hertwig, 1882
海葵亚目 Suborder Enthemonae Rodríguez & Daly, 2014
细指海葵总科 Superfamily Metridioidea Rodríguez et al., 2012
捕蝇草海葵科 Family Actinoscyphiidae Stephenson, 1920
捕蝇草海葵属 Genus *Actinoscyphia* Stephenson, 1920

采集地 雅浦海山，马里亚纳海山，卡罗琳海山

水深 911～1928 m

分布 热带西太平洋

48. 近丽海葵属未定种 *Paracalliactis* sp.

分类学地位

六放珊瑚亚纲 Subclass Hexacorallia Haeckel, 1866

海葵目 Order Actiniaria Hertwig, 1882

海葵亚目 Suborder Enthemonae Rodríguez & Daly, 2014

细指海葵总科 Superfamily Metridioidea Rodríguez et al., 2012

链索海葵科 Family Hormathiidae Carlgren, 1932

近丽海葵属 Genus *Paracalliactis* Carlgren, 1928

采集地 雅浦海山

水深 289 m

分布 热带西太平洋

附在寄居蟹 *Paguroidea* sp. 上

49. 唐氏拟石栖海葵 *Paraphelliactis tangi* Li & Xu, 2016

分类学地位

六放珊瑚亚纲 Subclass Hexacorallia Haeckel, 1866

海葵目 Order Actiniaria Hertwig, 1882

海葵亚目 Suborder Enthemonae Rodríguez & Daly, 2014

细指海葵总科 Superfamily Metridioidea Rodríguez et al., 2012

链索海葵科 Family Hormathiidae Carlgren, 1932

拟石栖海葵属 Genus *Paraphelliactis* Carlgren, 1928

采集地 雅浦海山，马里亚纳海山

水深 1250～1980 m

分布 热带西太平洋

海葵下方为异腕虾 *Heterocarpus* sp.

50. 雅浦石栖海葵 *Phelliactis yapensis* Li & Xu, 2016

分类学地位

六放珊瑚亚纲 Subclass Hexacorallia Haeckel, 1866

海葵目 Order Actiniaria Hertwig, 1882

海葵亚目 Suborder Enthemonae Rodríguez & Daly, 2014

细指海葵总科 Superfamily Metridioidea Rodríguez et al., 2012

链索海葵科 Family Hormathiidae Carlgren, 1932

石栖海葵属 Genus *Phelliactis* Simon, 1892

采集地 雅浦海山，马里亚纳海山，卡罗琳海山

水深 577～1438 m

分布 热带西太平洋

57. 菌珊瑚科未定种 Agariciidae sp.

分类学地位

六放珊瑚亚纲 Subclass Hexacorallia Haeckel, 1866

石珊瑚目 Order Scleractinia Bourne, 1900

菌珊瑚科 Family Agariciidae Gray, 1847

采集地 卡罗琳海山

水深 117 m

分布 热带西太平洋

58. 丁香珊瑚属未定种 *Caryophyllia* sp.

分类学地位

六放珊瑚亚纲 Subclass Hexacorallia Haeckel, 1866

石珊瑚目 Order Scleractinia Bourne, 1900

丁香珊瑚科 Family Caryophylliidae Dana, 1846

丁香珊瑚属 Genus *Caryophyllia* Lamarck, 1801

采集地 卡罗琳海山

水深 255～1391 m

分布 热带西太平洋

59. 共凿属未定种 *Coenosmilia* sp.

分类学地位

六放珊瑚亚纲 Subclass Hexacorallia Haeckel, 1866

石珊瑚目 Order Scleractinia Bourne, 1900

丁香珊瑚科 Family Caryophylliidae Dana, 1846

共凿属 Genus *Coenosmilia* Pourtalès, 1874

采集地 雅浦海山

水深 255～311 m

分布 热带西太平洋

60. 枝沙珊瑚属未定种 *Cladopsammia* sp.

分类学地位

六放珊瑚亚纲 Subclass Hexacorallia Haeckel, 1866

石珊瑚目 Order Scleractinia Bourne, 1900

木珊瑚科 Family Dendrophylliidae Gray, 1847

枝沙珊瑚属 Genus *Cladopsammia* Lacaze-Duthiers, 1897

采集地 雅浦海山，马里亚纳海山

水深 255～592 m

分布 热带西太平洋

61. 海沙珊瑚属未定种 *Enallopsmmia* sp.

分类学地位

六放珊瑚亚纲 Subclass Hexacorallia Haeckel, 1866

石珊瑚目 Order Scleractinia Bourne, 1900

木珊瑚科 Family Dendrophylliidae Gray, 1847

海沙珊瑚属 *Enallopsmmia* Michelotti, 1871

采集地 卡罗琳海山

水深 680～1089 m

分布 热带西太平洋

62. 木珊瑚科未定种 Dendrophylliidae sp.

分类学地位

六放珊瑚亚纲 Subclass Hexacorallia Haeckel, 1866

石珊瑚目 Order Scleractinia Bourne, 1900

木珊瑚科 Family Dendrophylliidae Gray, 1847

采集地 卡罗琳海山

水深 1282～1365 m

分布 热带西太平洋

63. 蜂巢珊瑚科未定种 Faviidae sp.

分类学地位

六放珊瑚亚纲 Subclass Hexacorallia Haeckel, 1866

石珊瑚目 Order Scleractinia Bourne, 1900

蜂巢珊瑚科 Family Faviidae Gregory, 1900

采集地 卡罗琳海山

水深 117 m

分布 热带西太平洋

64. 棕黑爪哇珊瑚 *Javania fusca* (Vaughan, 1907)

分类学地位

六放珊瑚亚纲 Subclass Hexacorallia Haeckel, 1866

石珊瑚目 Order Scleractinia Bourne, 1900

扇形珊瑚科 Family Flabelliidae Bourne, 1905

爪哇珊瑚属 Genus *Javania* Duncan, 1876

采集地 雅浦海山，卡罗琳海山

水深 289～691 m

分布 西太平洋，中太平洋（271～1045 m）

65. 韦氏多根珊瑚 *Polymyces wellsi* Cairns, 1991

分类学地位

六放珊瑚亚纲 Subclass Hexacorallia Haeckel, 1866

石珊瑚目 Order Scleractinia Bourne, 1900

扇形珊瑚科 Family Flabelliidae Bourne, 1905

多根珊瑚属 Genus *Polymyces* Cairns, 1979

采集地 卡罗琳海山

水深 564～1090 m

分布 热带西太平洋

66. 枇杷筛孔珊瑚 *Madrepora oculata* Linnaeus, 1758

分类学地位

六放珊瑚亚纲 Subclass Hexacorallia Haeckel, 1866

　石珊瑚目 Order Scleractinia Bourne, 1900

　　枇杷珊瑚科 Family Oculinidae Gray, 1847

　　　筛孔珊瑚属 Genus *Madrepora* Linnaeus, 1857

采集地　雅浦海山

水深　255～311 m

分布　热带西太平洋

67. 石珊瑚目未定种 1 Scleractinia sp. 1

分类学地位

六放珊瑚亚纲 Subclass Hexacorallia Haeckel, 1866

石珊瑚目 Order Scleractinia Bourne, 1900

采集地 卡罗琳海山

水深 170 m

分布 热带西太平洋

74. 裂黑珊瑚科未定种 2 Schizopathidae sp. 2

分类学地位

六放珊瑚亚纲 Subclass Hexacorallia Haeckel, 1866

黑珊瑚目 Order Antipatharia Milne-Edwards & Haime, 1857

裂黑珊瑚科 Family Schizopathidae Brook, 1889

采集地 卡罗琳海山

水深 1392～2742 m

分布 热带西太平洋

75. 裂黑珊瑚科未定种 3 Schizopathidae sp. 3

分类学地位

六放珊瑚亚纲 Subclass Hexacorallia Haeckel, 1866

黑珊瑚目 Order Antipatharia Milne-Edwards & Haime, 1857

裂黑珊瑚科 Family Schizopathidae Brook, 1889

采集地 卡罗琳海山

水深 741～887 m

分布 热带西太平洋

76. 裂黑珊瑚科未定种 4 Schizopathidae sp. 4

分类学地位

六放珊瑚亚纲 Subclass Hexacorallia Haeckel, 1866

黑珊瑚目 Order Antipatharia Milne-Edwards & Haime, 1857

裂黑珊瑚科 Family Schizopathidae Brook, 1889

采集地 雅浦海山

水深 322 m

分布 热带西太平洋

77. 黑珊瑚目未定种 1 Antipatharia sp. 1

分类学地位

六放珊瑚亚纲 Subclass Hexacorallia Haeckel, 1866

　黑珊瑚目 Order Antipatharia Milne-Edwards & Haime, 1857

采集地　卡罗琳海山

水深　783 m

分布　热带西太平洋

78. 黑珊瑚目未定种 2 Antipatharia sp. 2

分类学地位

六放珊瑚亚纲 Subclass Hexacorallia Haeckel, 1866

　黑珊瑚目 Order Antipatharia Milne-Edwards & Haime, 1857

采集地　卡罗琳海山

水深　1228 m

分布　热带西太平洋

79. 黑珊瑚目未定种 3 Antipatharia sp. 3

分类学地位

六放珊瑚亚纲 Subclass Hexacorallia Haeckel, 1866

　黑珊瑚目 Order Antipatharia Milne-Edwards & Haime, 1857

采集地　马里亚纳海山

水深　236 m

分布　热带西太平洋

80. 花羽软珊瑚属未定种 1 *Anthomastus* sp. 1

分类学地位

八放珊瑚亚纲 Subclass Octocorallia Haeckel, 1866

软珊瑚目 Order Alcyonacea Lamouroux, 1812

软珊瑚亚目 Suborder Alcyonacea Lamouroux, 1812

软珊瑚科 Family Alcyoniidae Lamouroux, 1812

花羽软珊瑚属 Genus *Anthomastus* Verrill, 1878

采集地 马里亚纳海山，卡罗琳海山

水深 751～843 m

分布 热带西太平洋

81. 花羽软珊瑚属未定种 2 *Anthomastus* sp. 2

分类学地位

八放珊瑚亚纲 Subclass Octocorallia Haeckel, 1866

软珊瑚目 Order Alcyonacea Lamouroux, 1812

软珊瑚亚目 Suborder Alcyonacea Lamouroux, 1812

软珊瑚科 Family Alcyoniidae Lamouroux, 1812

花羽软珊瑚属 Genus *Anthomastus* Verrill, 1878

采集地 卡罗琳海山

水深 1429 m

分布 热带西太平洋

82. 花羽软珊瑚属未定种 3 *Anthomastus* sp. 3

分类学地位

八放珊瑚亚纲 Subclass Octocorallia Haeckel, 1866

软珊瑚目 Order Alcyonacea Lamouroux, 1812

软珊瑚亚目 Suborder Alcyonacea Lamouroux, 1812

软珊瑚科 Family Alcyoniidae Lamouroux, 1812

花羽软珊瑚属 Genus *Anthomastus* Verrill, 1878

采集地 卡罗琳海山

水深 1435 m

分布 热带西太平洋

83. 肉芝软珊瑚属未定种 *Sarcophyton* sp.

分类学地位

八放珊瑚亚纲 Subclass Octocorallia Haeckel, 1866

软珊瑚目 Order Alcyonacea Lamouroux, 1812

软珊瑚亚目 Suborder Alcyonacea Lamouroux, 1812

软珊瑚科 Family Alcyoniidae Lamouroux, 1812

肉芝软珊瑚属 Genus *Sarcophyton* Lesson, 1834

采集地 马里亚纳海山

水深 27～50 m

分布 热带西太平洋

84. 有色柔荑软珊瑚属未定种 *Chromonephthea* sp.

分类学地位

八放珊瑚亚纲 Subclass Octocorallia Haeckel, 1866

软珊瑚目 Order Alcyonacea Lamouroux, 1812

软珊瑚亚目 Suborder Alcyonacea Lamouroux, 1812

棘软珊瑚科 Family Nephtheidae Gray, 1862

有色柔荑软珊瑚属 Genus *Chromonephthea* Ofwegen, 2005

采集地 马里亚纳海山

水深 122 m

分布 热带西太平洋

85. 棘软珊瑚科未定种 1 Nephtheidae sp. 1

分类学地位

八放珊瑚亚纲 Subclass Octocorallia Haeckel, 1866

软珊瑚目 Order Alcyonacea Lamouroux, 1812

软珊瑚亚目 Suborder Alcyonacea Lamouroux, 1812

棘软珊瑚科 Family Nephtheidae Gray, 1862

采集地 马里亚纳海山

水深 95 m

分布 热带西太平洋

86. 棘软珊瑚科未定种 2 Nephtheidae sp. 2

分类学地位

八放珊瑚亚纲 Subclass Octocorallia Haeckel, 1866

软珊瑚目 Order Alcyonacea Lamouroux, 1812

软珊瑚亚目 Suborder Alcyonacea Lamouroux, 1812

棘软珊瑚科 Family Nephtheidae Gray, 1862

采集地 马里亚纳海山

水深 95 m

分布 热带西太平洋

87. 棘软珊瑚科未定种 3 Nephtheidae sp. 3

分类学地位

八放珊瑚亚纲 Subclass Octocorallia Haeckel, 1866

软珊瑚目 Order Alcyonacea Lamouroux, 1812

软珊瑚亚目 Suborder Alcyonacea Lamouroux, 1812

棘软珊瑚科 Family Nephtheidae Gray, 1862

采集地 卡罗琳海山

水深 119 m

分布 热带西太平洋

88. 三茎金柳珊瑚 *Chrysogorgia tricaulis* Pante & Watling, 2012

分类学地位

八放珊瑚亚纲 Subclass Octocorallia Haeckel, 1866

软珊瑚目 Order Alcyonacea Lamouroux, 1812

钙轴柳珊瑚亚目 Suborder Calcaxonia Grasshoff, 1999

金柳珊瑚科 Family Chrysogorgiidae Verrill, 1883

金柳珊瑚属 Genus *Chrysogorgia* Duchassaing & Michelotti, 1864

采集地 马里亚纳海山

水深 1458 m

分布 大西洋西北部的新英格兰海山和角海山，热带西太平洋

89. 克氏金柳珊瑚 *Chrysogorgia chryseis* Bayer & Stefani, 1988

分类学地位

八放珊瑚亚纲 Subclass Octocorallia Haeckel, 1866

软珊瑚目 Order Alcyonacea Lamouroux, 1812

钙轴柳珊瑚亚目 Suborder Calcaxonia Grasshoff, 1999

金柳珊瑚科 Family Chrysogorgiidae Verrill, 1883

金柳珊瑚属 Genus *Chrysogorgia* Duchassaing & Michelotti, 1864

采集地 卡罗琳海山

水深 691 m

分布 印度尼西亚，热带西太平洋

90. 金柳珊瑚属未定种 *Chrysogorgia* sp.

分类学地位

八放珊瑚亚纲 Subclass Octocorallia Haeckel, 1866

软珊瑚目 Order Alcyonacea Lamouroux, 1812

钙轴柳珊瑚亚目 Suborder Calcaxonia Grasshoff, 1999

金柳珊瑚科 Family Chrysogorgiidae Verrill, 1883

金柳珊瑚属 Genus *Chrysogorgia* Duchassaing & Michelotti, 1864

采集地 马里亚纳海山

水深 910 m

分布 热带西太平洋

91. 纤细金柳珊瑚 *Chrysogorgia gracilis* Xu, Zhan & Xu, 2020

分类学地位

八放珊瑚亚纲 Subclass Octocorallia Haeckel, 1866

软珊瑚目 Order Alcyonacea Lamouroux, 1812

钙轴柳珊瑚亚目 Suborder Calcaxonia Grasshoff, 1999

金柳珊瑚科 Family Chrysogorgiidae Verrill, 1883

金柳珊瑚属 Genus *Chrysogorgia* Duchassaing & Michelotti, 1864

采集地 马里亚纳海山

水深 299 m

分布 热带西太平洋

92. 波柳珊瑚属未定种 *Rhodaniridogorgia* sp.

分类学地位

八放珊瑚亚纲 Subclass Octocorallia Haeckel, 1866

软珊瑚目 Order Alcyonacea Lamouroux, 1812

钙轴柳珊瑚亚目 Suborder Calcaxonia Grasshoff, 1999

金柳珊瑚科 Family Chrysogorgiidae Verrill, 1883

波柳珊瑚属 Genus *Rhodaniridogorgia* Watling, 2007

采集地 马里亚纳海山

水深 672 m

分布 热带西太平洋

93. 粗糙虹柳珊瑚 *Iridogorgia squarrosa* Xu, Zhan, Li & Xu, 2020

分类学地位

八放珊瑚亚纲 Subclass Octocorallia Haeckel, 1866

软珊瑚目 Order Alcyonacea Lamouroux, 1812

钙轴柳珊瑚亚目 Suborder Calcaxonia Grasshoff, 1999

金柳珊瑚科 Family Chrysogorgiidae Verrill, 1883

虹柳珊瑚属 Genus *Iridogorgia* Verrill, 1883

采集地 马里亚纳海山

水深 1458～1661 m

分布 夏威夷；热带西太平洋

94. 密刺虹柳珊瑚 *Iridogorgia densispicula* Xu, Zhan, Li & Xu, 2020

分类学地位

八放珊瑚亚纲 Subclass Octocorallia Haeckel, 1866

软珊瑚目 Order Alcyonacea Lamouroux, 1812

钙轴柳珊瑚亚目 Suborder Calcaxonia Grasshoff, 1999

金柳珊瑚科 Family Chrysogorgiidae Verrill, 1883

虹柳珊瑚属 Genus *Iridogorgia* Verrill, 1883

采集地 卡罗琳海山

水深 1204 m

分布 热带西太平洋

95. 黑发金相柳珊瑚 *Metallogorgia melanotrichos* (Wright & Studer, 1889)

分类学地位

八放珊瑚亚纲 Subclass Octocorallia Haeckel, 1866

软珊瑚目 Order Alcyonacea Lamouroux, 1812

钙轴柳珊瑚亚目 Suborder Calcaxonia Grasshoff, 1999

金柳珊瑚科 Family Chrysogorgiidae Verrill, 1883

金相柳珊瑚属 Genus *Metallogorgia* Versluys, 1902

采集地 马里亚纳海山

水深 808～1935 m

分布 夏威夷；热带西太平洋

101. 海拟冠柳珊瑚 *Paracalyptrophora mariae* (Versluys, 1906)

分类学地位

八放珊瑚亚纲 Subclass Octocorallia Haeckel, 1866

软珊瑚目 Order Alcyonacea Lamouroux, 1812

钙轴柳珊瑚亚目 Suborder Calcaxonia Grasshoff, 1999

丑柳珊瑚科 Family Primnoidae Milne Edwards, 1857

拟冠柳珊瑚属 Genus *Paracalyptrophora* Kinoshita, 1908

采集地 雅浦海山，马里亚纳海山，卡罗琳海山

水深 786～1246 m

分布 帝汶海，新喀里多尼亚；热带西太平洋

102. 拟冠柳珊瑚属未定种 1 *Paracalyptrophora* sp. 1

分类学地位

八放珊瑚亚纲 Subclass Octocorallia Haeckel, 1866

软珊瑚目 Order Alcyonacea Lamouroux, 1812

钙轴柳珊瑚亚目 Suborder Calcaxonia Grasshoff, 1999

丑柳珊瑚科 Family Primnoidae Milne Edwards, 1857

拟冠柳珊瑚属 Genus *Paracalyptrophora* Kinoshita, 1908

采集地 马里亚纳海山

水深 921 m

分布 热带西太平洋

103. 拟冠柳珊瑚属未定种 2 *Paracalyptrophora* sp. 2

分类学地位

八放珊瑚亚纲 Subclass Octocorallia Haeckel, 1866

软珊瑚目 Order Alcyonacea Lamouroux, 1812

钙轴柳珊瑚亚目 Suborder Calcaxonia Grasshoff, 1999

丑柳珊瑚科 Family Primnoidae Milne Edwards, 1857

拟冠柳珊瑚属 Genus *Paracalyptrophora* Kinoshita, 1908

采集地 雅浦海山，马里亚纳海山，卡罗琳海山

水深 307～891 m

分布 热带西太平洋

109. 棘柳珊瑚科未定种 1 Acanthogorgiidae sp. 1

分类学地位

八放珊瑚亚纲 Subclass Octocorallia Haeckel, 1866

软珊瑚目 Order Alcyonacea Lamouroux, 1812

全轴柳珊瑚亚目 Suborder Holaxonia Studer, 1887

棘柳珊瑚科 Family Acanthogorgiidae Gray, 1859

采集地　马里亚纳海山

水深　820 m

分布　热带西太平洋

110. 棘柳珊瑚科未定种 2 Acanthogorgiidae sp. 2

分类学地位

八放珊瑚亚纲 Subclass Octocorallia Haeckel, 1866

软珊瑚目 Order Alcyonacea Lamouroux, 1812

全轴柳珊瑚亚目 Suborder Holaxonia Studer, 1887

棘柳珊瑚科 Family Acanthogorgiidae Gray, 1859

采集地　马里亚纳海山

水深　759 m

分布　热带西太平洋

111. 棘柳珊瑚科未定种 3 Acanthogorgiidae sp. 3

分类学地位

八放珊瑚亚纲 Subclass Octocorallia Haeckel, 1866

软珊瑚目 Order Alcyonacea Lamouroux, 1812

全轴柳珊瑚亚目 Suborder Holaxonia Studer, 1887

棘柳珊瑚科 Family Acanthogorgiidae Gray, 1859

采集地 马里亚纳海山

水深 122～131 m

分布 热带西太平洋

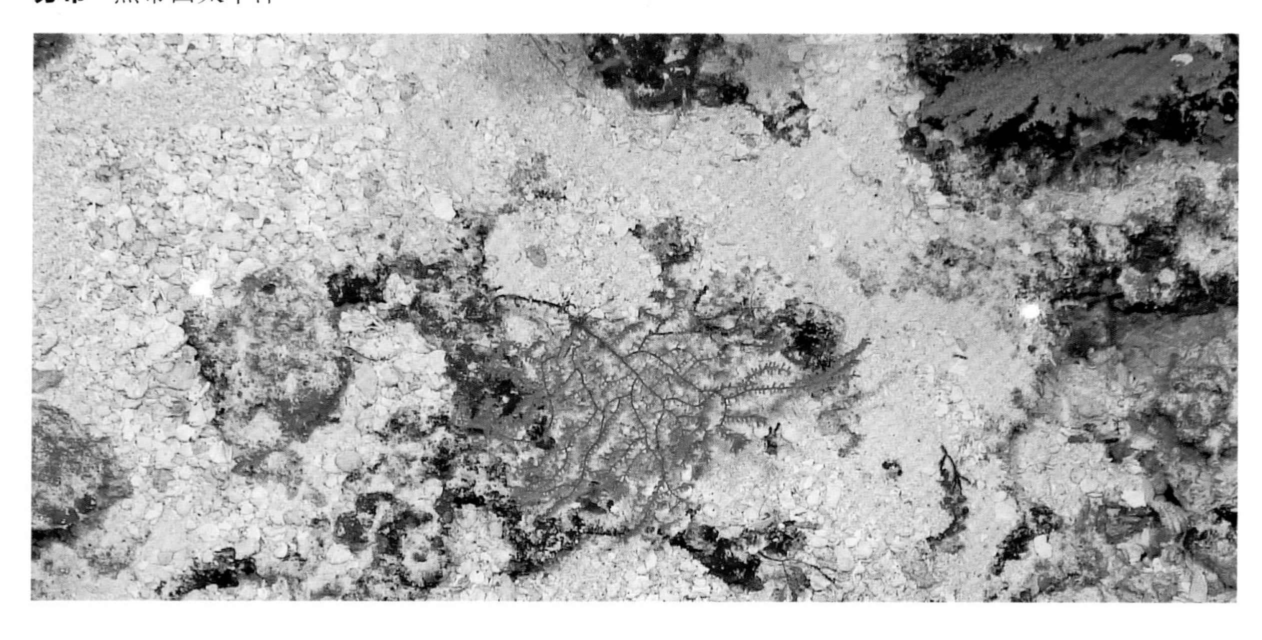

112. 棘柳珊瑚科未定种 4 Acanthogorgiidae sp. 4

分类学地位

八放珊瑚亚纲 Subclass Octocorallia Haeckel, 1866

软珊瑚目 Order Alcyonacea Lamouroux, 1812

全轴柳珊瑚亚目 Suborder Holaxonia Studer, 1887

棘柳珊瑚科 Family Acanthogorgiidae Gray, 1859

采集地 卡罗琳海山

水深 1056 m

分布 热带西太平洋

113. 棘柳珊瑚科未定种 5 Acanthogorgiidae sp. 5

分类学地位

八放珊瑚亚纲 Subclass Octocorallia Haeckel, 1866

软珊瑚目 Order Alcyonacea Lamouroux, 1812

全轴柳珊瑚亚目 Suborder Holaxonia Studer, 1887

棘柳珊瑚科 Family Acanthogorgiidae Gray, 1859

采集地 卡罗琳海山

水深 741 m

分布 热带西太平洋

石块右侧为珊瑚

114. 硬尖柳珊瑚属未定种 *Scleractis* sp.

分类学地位

八放珊瑚亚纲 Subclass Octocorallia Haeckel, 1866

软珊瑚目 Order Alcyonacea Lamouroux, 1812

全轴柳珊瑚亚目 Suborder Holaxonia Studer, 1887

丛柳珊瑚科 Family Plexauridae Gray, 1859

硬尖柳珊瑚属 Genus *Scleracis* Kükenthal, 1919

采集地 雅浦海山

水深 284～305 m

分布 热带西太平洋

115. 丛柳珊瑚科未定种 1 Plexauridae sp. 1

分类学地位

八放珊瑚亚纲 Subclass Octocorallia Haeckel, 1866

软珊瑚目 Order Alcyonacea Lamouroux, 1812

全轴柳珊瑚亚目 Suborder Holaxonia Studer, 1887

丛柳珊瑚科 Family Plexauridae Gray, 1859

采集地 卡罗琳海山

水深 739～768 m

分布 热带西太平洋

116. 丛柳珊瑚科未定种 2 Plexauridae sp. 2

分类学地位

八放珊瑚亚纲 Subclass Octocorallia Haeckel, 1866

软珊瑚目 Order Alcyonacea Lamouroux, 1812

全轴柳珊瑚亚目 Suborder Holaxonia Studer, 1887

丛柳珊瑚科 Family Plexauridae Gray, 1859

采集地 卡罗琳海山

水深 1429～1514 m

分布 热带西太平洋

117. 丛柳珊瑚科未定种 3 Plexauridae sp. 3

分类学地位

八放珊瑚亚纲 Subclass Octocorallia Haeckel, 1866

软珊瑚目 Order Alcyonacea Lamouroux, 1812

全轴柳珊瑚亚目 Suborder Holaxonia Studer, 1887

丛柳珊瑚科 Family Plexauridae Gray, 1859

采集地 卡罗琳海山

水深 90 m

分布 热带西太平洋

123. 侧红珊瑚属未定种 *Pleurocorallium* sp.

分类学地位

八放珊瑚亚纲 Subclass Octocorallia Haeckel, 1866

软珊瑚目 Order Alcyonacea Lamouroux, 1812

硬轴柳珊瑚亚目 Suborder Scleroaxonia Studer, 1887

红珊瑚科 Family Coralliidae Lamouroux, 1812

侧红珊瑚属 Genus *Pleurocorallium* Gray, 1867

采集地 卡罗琳海山

水深 1246 m

分布 热带西太平洋

124. 红拟柳珊瑚 *Paragorgia rubra* Li, Zhan & Xu, 2017

分类学地位

八放珊瑚亚纲 Subclass Octocorallia Haeckel, 1866

软珊瑚目 Order Alcyonacea Lamouroux, 1812

硬轴柳珊瑚亚目 Suborder Scleroaxonia Studer, 1887

拟柳珊瑚科 Family Paragorgiidae Kükenthal, 1916

拟柳珊瑚属 Genus *Paragorgia* Milne-Edwards & Haime, 1857

采集地 雅浦海山

水深 373 m

分布 热带西太平洋

125. 拟柳珊瑚属未定种 *Paragorgia* sp.

分类学地位

八放珊瑚亚纲 Subclass Octocorallia Haeckel, 1866

软珊瑚目 Order Alcyonacea Lamouroux, 1812

硬轴柳珊瑚亚目 Suborder Scleroaxonia Studer, 1887

拟柳珊瑚科 Family Paragorgiidae Kükenthal, 1916

拟柳珊瑚属 Genus *Paragorgia* Milne-Edwards & Haime, 1857

采集地 卡罗琳海山

水深 979～1246 m

分布 热带西太平洋

130. 枪海鳃属未定种 *Kophobelemnon* sp.

分类学地位

八放珊瑚亚纲 Subclass Octocorallia Haeckel, 1866

海鳃目 Order Pennatulacea Verrill, 1865

枪海鳃科 Family Kophobelemnidae Gray, 1860

枪海鳃属 Genus *Kophobelemnon* Asbjørnsen, 1856

采集地 雅浦海山

水深 879 m

分布 热带西太平洋

131. 纤细异羽海鳃 *Distichoptilum gracile* Verrill, 1882

分类学地位

八放珊瑚亚纲 Subclass Octocorallia Haeckel, 1866

海鳃目 Order Pennatulacea Verrill, 1865

原羽海鳃科 Family Protoptilidae Kölliker, 1872

异羽海鳃属 Genus *Distichoptilum* Verrill, 1882

采集地 马里亚纳海山

水深 1368～1372 m

分布 全球分布（650～4300 m）

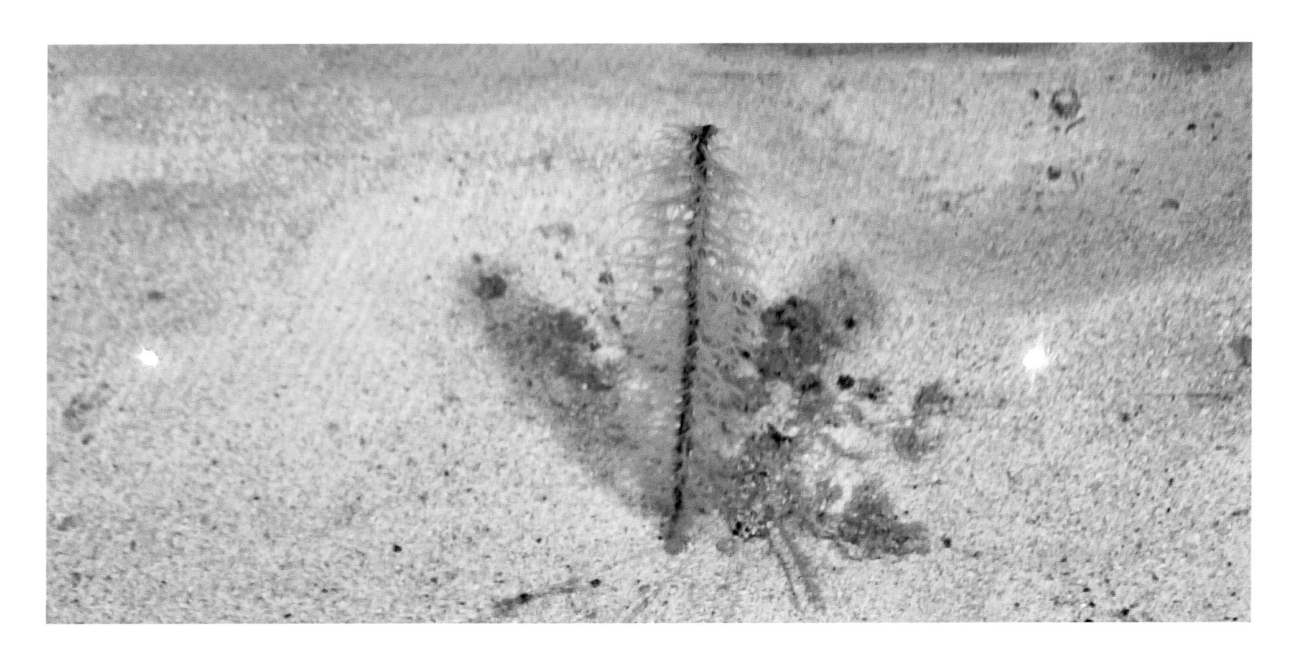

132. 原羽海鳃属未定种 *Protoptilum* sp.

分类学地位

八放珊瑚亚纲 Subclass Octocorallia Haeckel, 1866

海鳃目 Order Pennatulacea Verrill, 1865

原羽海鳃科 Family Protoptilidae Kölliker, 1872

原羽海鳃属 Genus *Protoptilum* Verrill, 1882

采集地 卡罗琳海山

水深 1363 m

分布 热带西太平洋

133. 莫氏海鳃 *Pennatula moseleyi* Kölliker, 1880

分类学地位

八放珊瑚亚纲 Subclass Octocorallia Haeckel, 1866

海鳃目 Order Pennatulacea Verrill, 1865

海鳃科 Family Pennatulidae Ehrenberg, 1834

海鳃属 Genus *Pennatula* Linnaeus, 1758

采集地 雅浦海山

水深 1076 m

分布 澳大利亚东南；热带西太平洋

134. 海鳃属未定种 *Pennatula* sp.

分类学地位

八放珊瑚亚纲 Subclass Octocorallia Haeckel, 1866
  海鳃目 Order Pennatulacea Verrill, 1865
    海鳃科 Family Pennatulidae Ehrenberg, 1834
      海鳃属 Genus *Pennatula* Linnaeus, 1758

采集地 马里亚纳海山

水深 238 m

分布 热带西太平洋

135. 萨氏杆海鳃 *Scytalium* cf. *sarsi* Herklots, 1858

分类学地位

八放珊瑚亚纲 Subclass Octocorallia Haeckel, 1866
  海鳃目 Order Pennatulacea Verrill, 1865
    沙箸海鳃科 Family Virgulariidae Verrill, 1868
      竿海鳃属 Genus *Scytalium* Herklots, 1858

采集地 马里亚纳海山

水深 249～291 m

分布 热带西太平洋

136. 海鳃目未定种 Pennatulacea sp.

分类学地位

八放珊瑚亚纲 Subclass Octocorallia Haeckel, 1866

海鳃目 Order Pennatulacea Verrill, 1865

采集地 卡罗琳海山

水深 2741 m

分布 热带西太平洋

水螅虫纲 Class Hydrozoa Owen, 1843

137. 棒状水母科未定种 Corymorphidae sp.

分类学地位

花裸螅目 Order Anthoathecata Cornelius, 1992

棒状水母科 Family Corymorphidae Allman, 1872

采集地 卡罗琳海山

水深 976 m

分布 热带西太平洋

138. 盖果螅属未定种 *Stegolaria* sp.

分类学地位

软水母目 Order Leptothecata Cornelius, 1992

头巾螅科 Family Tiarannidae Russell, 1940

盖果螅属 Genus *Stegolaria* Stechow, 1913

采集地 马里亚纳海山，卡罗琳海山

水深 630～1333 m

分布 热带西太平洋

150. 线足虾属未定种（2种）*Nematocarcinus* spp.

分类学地位

腹胚亚目 Suborder Pleocyemata Burkenroad, 1963

真虾下目 Infraorder Caridea Dana, 1852

线足虾总科 Superfamily Nematocarcinoidea Smith, 1884

线足虾科 Family Nematocarcinidae Smith, 1884

线足虾属 Genus *Nematocarcinus* A. Milne-Edwards, 1881

采集地 雅浦海山，马里亚纳海山，卡罗琳海山

水深 700～1990 m

157. 查氏蟹属未定种 *Chaceon* sp.

分类学地位

短尾下目 Infraorder Brachyura Latreille, 1803

梭子蟹总科 Superfamily Portinoidea Rafinesque, 1815

怪蟹科 Family Geryonidae Colosi, 1923

查氏蟹属 Genus *Chaceon* Manning et Holthuis, 1989

采集地 雅浦海山

水深 480 m

174. 等节海百合目未定种 2 Isocrinida sp. 2

分类学地位

等节海百合目 Order Isocrinida Sieverts-Dorech, in Moore et al., 1952

采集地　卡罗琳海山

水深　1000 m

175. 短花海百合属未定种 *Hyocrinus* sp.

分类学地位

短花海百合目 Order Hyocrinida Rasmussen, 1978

短花海百合科 Family Hyocrinidae Carpenter, 1884

短花海百合属 Genus *Hyocrinus* Thomson, 1876

采集地 卡罗琳海山，马里亚纳海山

水深 430～1400 m

176. 曲海百合目未定种 1 Cyrtocrinida sp. 1

分类学地位

曲海百合目 Order Cyrtocrinida Sieverts-Doreck, 1952

采集地 卡罗琳海山，马里亚纳海山

水深 690～1510 m

177. 曲海百合目未定种 2 Cyrtocrinida sp. 2

分类学地位

曲海百合目 Order Cyrtocrinida Sieverts-Doreck, 1952

采集地 马里亚纳海山

水深 1600 m

178. 曲海百合目未定种 3 Cyrtocrinida sp. 3

分类学地位

曲海百合目 Order Cyrtocrinida Sieverts-Doreck, 1952

采集地 马里亚纳海山

水深 1200～1390 m

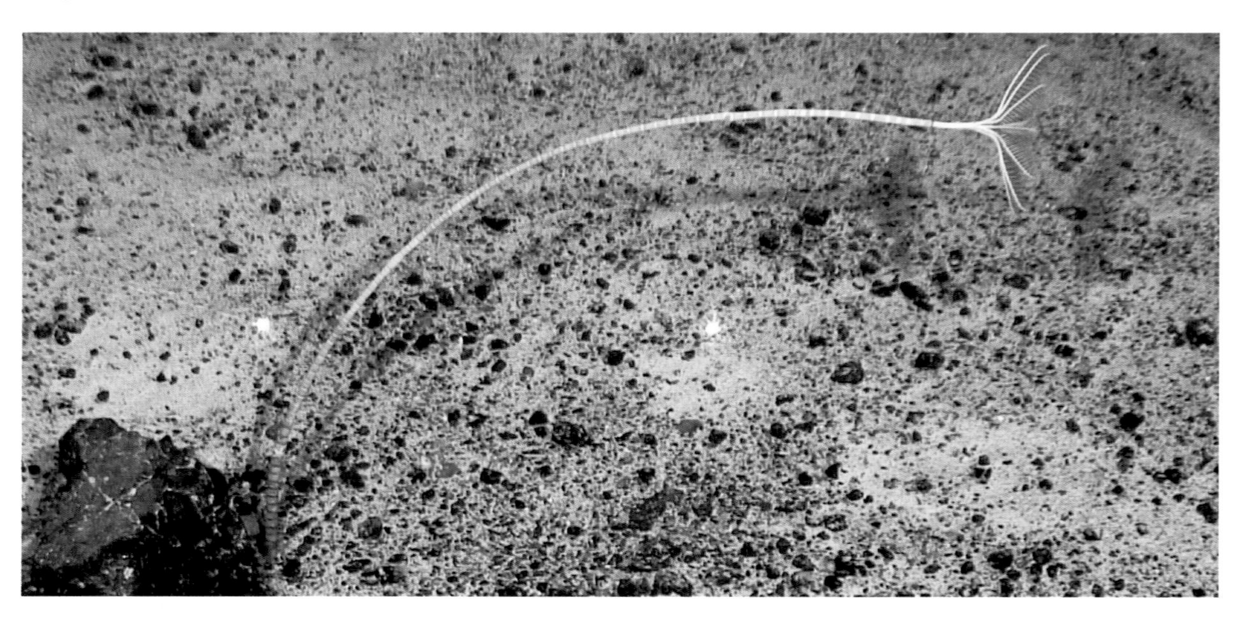

191. 角海星科未定种 5 Goniasteridae sp. 5

分类学地位

瓣棘目 Order Valvatida Perrier, 1884

角海星科 Family Goniasteridae Forbes, 1841

采集地 马里亚纳海山

水深 1570 m

192. 角海星科未定种 6 Goniasteridae sp. 6

分类学地位

瓣棘目 Order Valvatida Perrier, 1884

角海星科 Family Goniasteridae Forbes, 1841

采集地 马里亚纳海山

水深 460 m

193. 指海星属未定种 *Linckia* sp.

分类学地位

瓣棘目 Order Valvatida Perrier, 1884

蛇海星科 Family Ophidiasteridae Verrill, 1870

指海星属 Genus *Linckia* Nardo, 1834

采集地 马里亚纳海山

水深 70 m

194. 奇异孔海燕 *Tremaster mirabilis* Verrill, 1880

分类学地位

瓣棘目 Order Valvatida Perrier, 1884

海燕科 Family Asterinidae Gray, 1840

孔海燕属 Genus *Tremaster* Verrill, 1880

采集地 雅浦海山

水深 290～300 m

202. 正海星科未定种 2 Zoroasteridae sp. 2

分类学地位

钳棘目 Order Forcipulatida Perrier, 1884

正海星科 Family Zoroasteridae Sladen, 1889

采集地 雅浦海山

水深 1100～2000 m

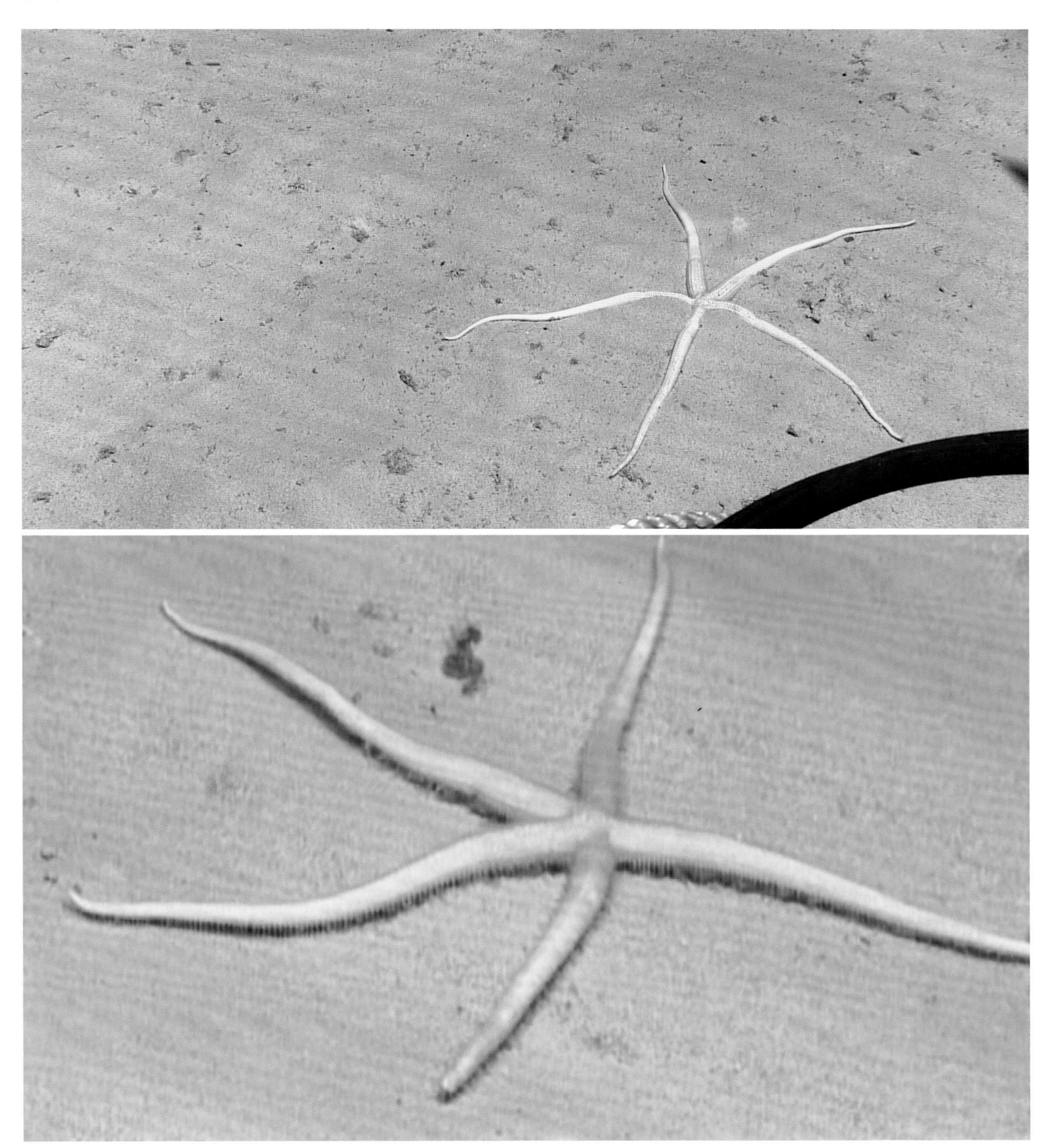

蛇尾纲 Class Ophiuroidea Gray, 1840

203. 蔓蛇尾目未定种 1 Euryalida sp. 1

分类学地位

蔓蛇尾目 Order Euryalida Lamarck, 1816

采集地　卡罗琳海山

水深　730 m

204. 蔓蛇尾目未定种 2 Euryalida sp. 2

分类学地位

蔓蛇尾目 Order Euryalida Lamarck, 1816

采集地　卡罗琳海山

水深　1250 m

205. 蔓蛇尾目未定种 3 Euryalida sp. 3

分类学地位

蔓蛇尾目 Order Euryalida Lamarck, 1816

采集地 雅浦海山

206. 筐蛇尾科未定种 Gorgonocephalidae sp.

分类学地位

蔓蛇尾目 Order Euryalida Lamarck, 1816

筐蛇尾科 Family Gorgonocephalidae Fell, 1960

采集地 卡罗琳海山

水深 1080 m

207. 真蛇尾目未定种 1 Ophiurida sp. 1

分类学地位

真蛇尾目 Order Ophiurida Müller et Troschel, 1846

采集地 卡罗琳海山

水深 780 m

208. 真蛇尾目未定种 2 Ophiurida sp. 2

分类学地位

真蛇尾目 Order Ophiurida Müller et Troschel, 1846

采集地　马里亚纳海山

水深　2000 m

209. 真蛇尾目未定种 3 Ophiurida sp. 3

分类学地位

真蛇尾目 Order Ophiurida Müller et Troschel, 1846

采集地 马里亚纳海山

水深 220 m

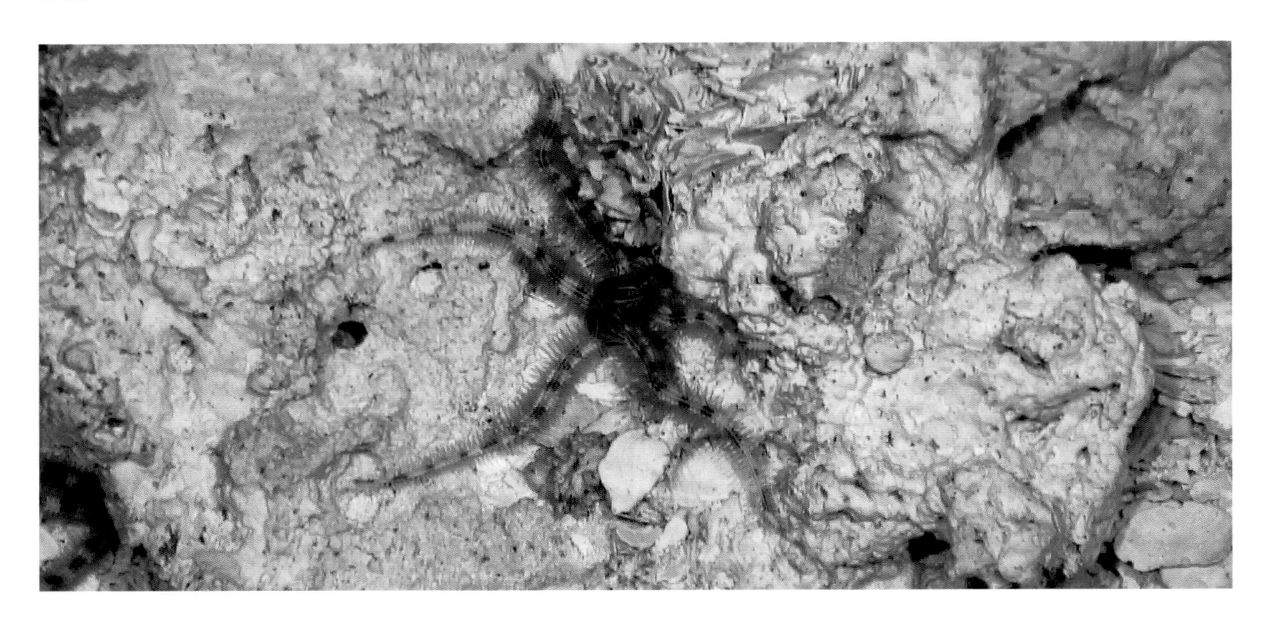

210. 真蛇尾目未定种 4 Ophiurida sp. 4

分类学地位

真蛇尾目 Order Ophiurida Müller et Troschel, 1846

采集地 雅浦海山

水深 380 m

211. 真蛇尾目未定种 5 Ophiurida sp. 5

分类学地位

真蛇尾目 Order Ophiurida Müller et Troschel, 1846

采集地 雅浦海山

水深 370 m

212. 真蛇尾目未定种 6 Ophiurida sp. 6

分类学地位

真蛇尾目 Order Ophiurida Müller et Troschel, 1846

采集地 卡罗琳海山

水深 300 m

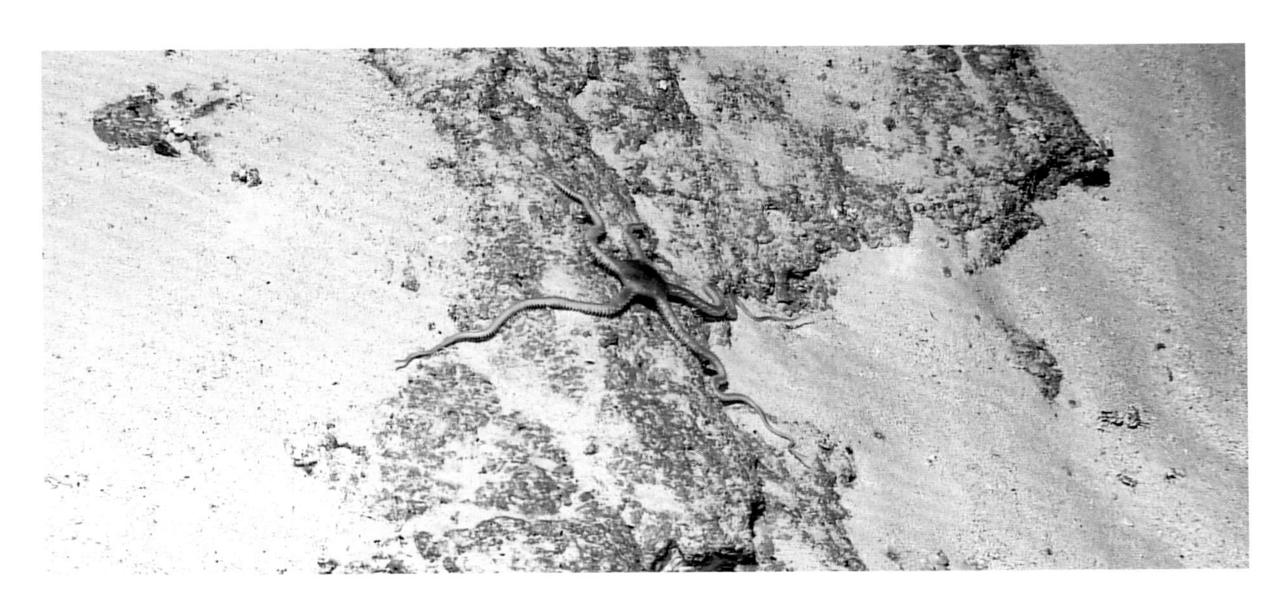

海胆纲 Class Echinoidea Leske, 1778

213. 组头帕属未定种 *Histocidaris* sp.

分类学地位

头帕目 Order Cidaroida Claus, 1880

组头帕科 Family Histocidaridae Lambert, 1900

组头帕属 Genus *Histocidaris* Mortensen, 1903

采集地 雅浦海山

水深 350 m

214. 棘头帕属未定种 *Acanthocidaris* sp.

分类学地位

头帕目 Order Cidaroida Claus, 1880

头帕科 Family Cidaridae Gray, 1825

棘头帕属 Genus *Acanthocidaris* Mortensen, 1903

采集地 马里亚纳海山

水深 600 m

215. 柄头帕属未定种 *Stylocidaris* sp.

分类学地位

头帕目 Order Cidaroida Claus, 1880

头帕科 Family Cidaridae Gray, 1825

柄头帕属 Genus *Stylocidaris* Mortensen, 1909

采集地　马里亚纳海山

水深　220 m

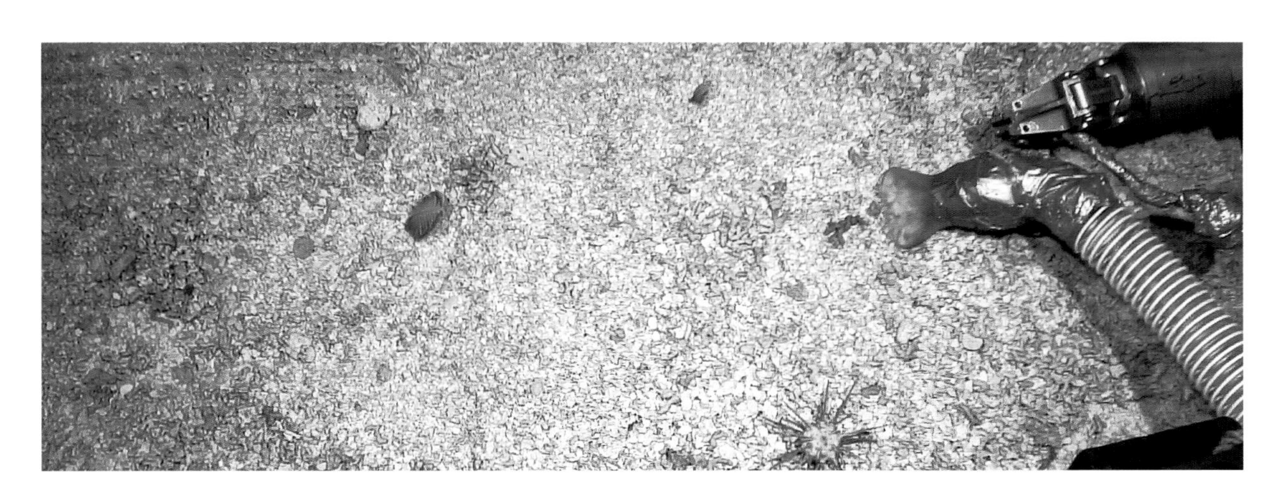

216. 硬头帕属未定种 *Stereocidaris* sp.

分类学地位

头帕目 Order Cidaroida Claus, 1880

头帕科 Family Cidaridae Gray, 1825

硬头帕属 Genus *Stereocidaris* Pomel, 1883

采集地　马里亚纳海山

水深　710 m

217. 头帕科未定种 Cidaridae sp.

分类学地位

头帕目 Order Cidaroida Claus, 1880

头帕科 Family Cidaridae Gray, 1825

采集地 马里亚纳海山

水深 380 m

218. 蹄棘革海胆 *Hygrosoma hoplacantha* (Thomson, 1877)

分类学地位

柔海胆目 Order Echinothurioida Claus, 1880

柔海胆科 Family Echinothuriidae Thomson, 1872

革海胆属 Genus *Hygrosoma* Mortensen, 1903

采集地 卡罗琳海山，马里亚纳海山

水深 1300～1370 m

224. 软海胆属未定种 4 *Araeosoma* sp. 4

分类学地位

柔海胆目 Order Echinothurioida Claus, 1880

柔海胆科 Family Echinothuriidae Thomson, 1872

软海胆属 Genus *Araeosoma* Mortensen, 1903

采集地 马里亚纳海山

水深 400 m

225. 软海胆属未定种 5 *Araeosoma* sp. 5

分类学地位

柔海胆目 Order Echinothurioida Claus, 1880

柔海胆科 Family Echinothuriidae Thomson, 1872

软海胆属 Genus *Araeosoma* Mortensen, 1903

采集地 马里亚纳海山

水深 430 m

226. 软海胆属未定种 6 *Araeosoma* sp. 6

分类学地位

柔海胆目 Order Echinothurioida Claus, 1880

柔海胆科 Family Echinothuriidae Thomson, 1872

软海胆属 Genus *Araeosoma* Mortensen, 1903

采集地 雅浦海山

水深 370 m

227. 脆海胆属未定种 *Tromikosoma* sp.

分类学地位

柔海胆目 Order Echinothurioida Claus, 1880

柔海胆科 Family Echinothuriidae Thomson, 1872

脆海胆属 Genus *Tromikosoma* Mortensen, 1903

采集地 马里亚纳海山

水深 1350～1360 m

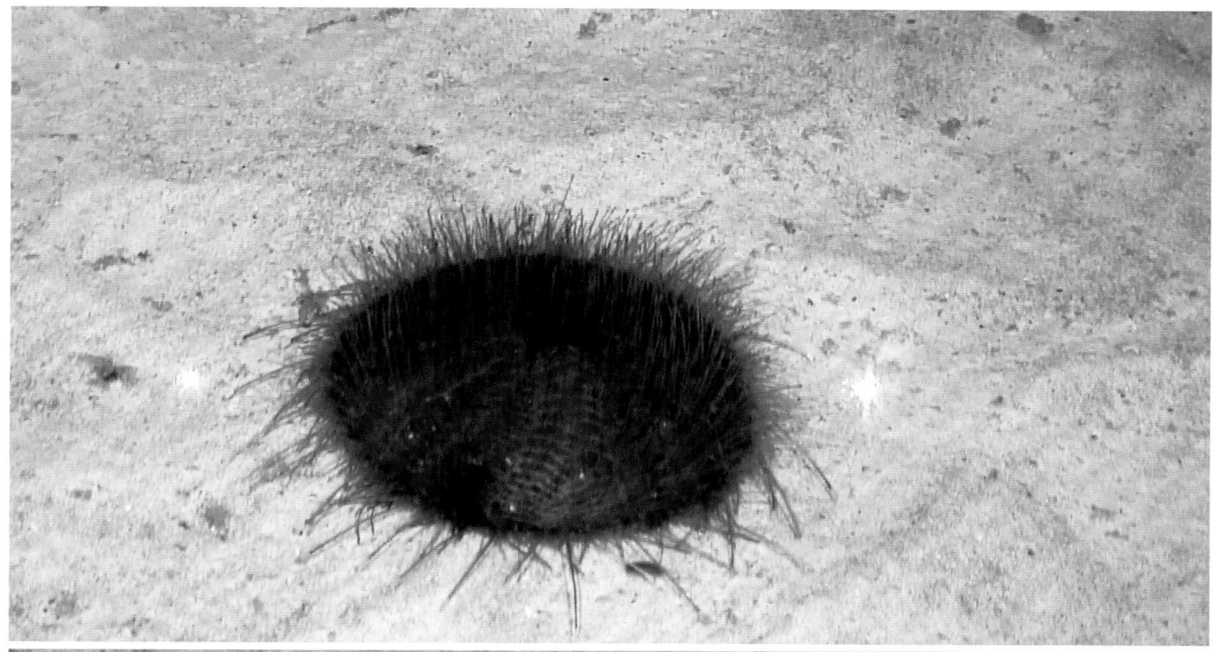

228. 柔海胆科未定种 1 Echinothuriidae sp. 1

分类学地位

柔海胆目 Order Echinothurioida Claus, 1880

柔海胆科 Family Echinothuriidae Thomson, 1872

采集地 雅浦海山

水深 900 m

229. 柔海胆科未定种 2 Echinothuriidae sp. 2

分类学地位

柔海胆目 Order Echinothurioida Claus, 1880

柔海胆科 Family Echinothuriidae Thomson, 1872

采集地 雅浦海山

水深 280 m

230. 囊袋海胆 *Phormosoma bursarium* A. Agassiz, 1881

分类学地位

柔海胆目 Order Echinothurioida Claus, 1880

袋海胆科 Family Phormosomatidae Mortensen, 1934

袋海胆属 Genus *Phormosoma* Thomson, 1872

采集地 马里亚纳海山

水深 1320～1500 m

231. 夏威夷平海胆 *Caenopedina hawaiiensis* H. L. Clark, 1912

分类学地位

平海胆目 Order Pedinoida Mortensen, 1939

平海胆科 Family Pedinidae Pomel, 1883

新平海胆属 Genus *Caenopedina* Agassiz, 1869

采集地 马里亚纳海山

水深 850 m

232. 印度平海胆 *Caenopedina indica* (de Meijere, 1903)

分类学地位

平海胆目 Order Pedinoida Mortensen, 1939

平海胆科 Family Pedinidae Pomel, 1883

新平海胆属 Genus *Caenopedina* Agassiz, 1869

采集地 雅浦海山

水深 300 m

233. 美丽平海胆 *Caenopedina pulchella* (A. Agassiz & H. L. Clark, 1907)

分类学地位

平海胆目 Order Pedinoida Mortensen, 1939

　平海胆科 Family Pedinidae Pomel, 1883

　　新平海胆属 Genus *Caenopedina* Agassiz, 1869

采集地　雅浦海山

水深　290 m

234. 盾冠海胆属未定种 *Aspidodiadema* sp.

分类学地位

盾冠海胆目 Order Aspidodiadematoida Kroh & Smith, 2010

盾冠海胆科 Family Aspidodiadematidae Duncan, 1889

盾冠海胆属 Genus *Aspidodiadema* A. Agassiz, 1879

采集地 雅浦海山

水深 900 m

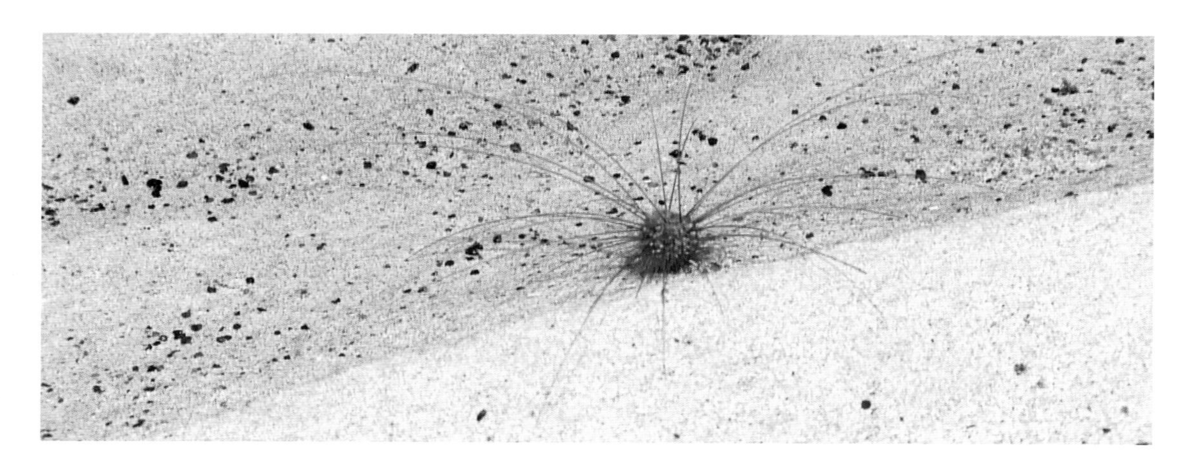

海参纲 Class Holothuroidea de Blinville, 1834

235. 蝶参 *Psychropotes depressa* (Théel, 1882)

分类学地位

平足目 Order Elasipodida Théel, 1882

蝶参科 Family Psychropotidae Théel, 1882

蝶参属 Genus *Psychropotes* Théel, 1882

采集地 卡罗琳海山

水深 1100 m

236. 蝶参属未定种 *Psychropotes* sp.

分类学地位

平足目 Order Elasipodida Théel, 1882

蝶参科 Family Psychropotidae Théel, 1882

蝶参属 Genus *Psychropotes* Théel, 1882

采集地 卡罗琳海山

水深 2740 m

237. 深海参科未定种 Laetmogonidae sp.

分类学地位

平足目 Order Elasipodida Théel, 1882

深海参科 Family Laetmogonidae Ekman, 1926

采集地 卡罗琳海山 (未见标本)

水深 2774 m

238. 叶疣参属未定种 *Peniagone* sp.

分类学地位

平足目 Order Elasipodida Théel, 1882

  东参科 Family Elpidiidae Théel, 1882

    叶疣参属 Genus *Peniagone* Théel, 1882

采集地 卡罗琳海山

水深 2740 m

239. 汉森海参属未定种 1 *Hansenothuria* sp. 1

分类学地位

桃参目 Order Persiculida Miller, Kerr, Paulay, Reich, Wilson, Carvajal & Rouse, 2017

科未定 Family *incertae sedis*

  汉森海参属 Genus *Hansenothuria* Miller & Pawson, 1989

采集地 卡罗琳海山

水深 1544 m

250. 合鳃鳗属未定种 1 *Synaphobranchus* sp. 1

分类学地位

鳗鲡目 Order Anguilliformes

合鳃鳗科 Family Synaphobranchidae Johnson, 1862

合鳃鳗属 *Synaphobranchus* Johnson, 1862

采集地 雅浦海山

水深 4190 m

分布 热带西太平洋

251. 合鳃鳗属未定种 2 *Synaphobranchus* sp. 2

分类学地位

鳗鲡目 Order Anguilliformes

合鳃鳗科 Family Synaphobranchidae Johnson, 1862

合鳃鳗属 *Synaphobranchus* Johnson, 1862

采集地 卡罗琳海山

水深 725 m

分布 热带西太平洋

252. 合鳃鳗属未定种 3 *Synaphobranchus* sp. 3

分类学地位

鳗鲡目 Order Anguilliformes

合鳃鳗科 Family Synaphobranchidae Johnson, 1862

合鳃鳗属 *Synaphobranchus* Johnson, 1862

采集地 雅浦海山

水深 1980～1990 m

分布 热带西太平洋

253. 平头鱼属未定种 *Alepocephalus* sp.

分类学地位

胡瓜鱼目 Order Osmeriformes

平头鱼科 Family Alepocephalidae Bonaparte, 1846

平头鱼属 Genus *Alepocephalus* Risso, 1820

采集地 卡罗琳海山

水深 1023 m

分布 热带西太平洋

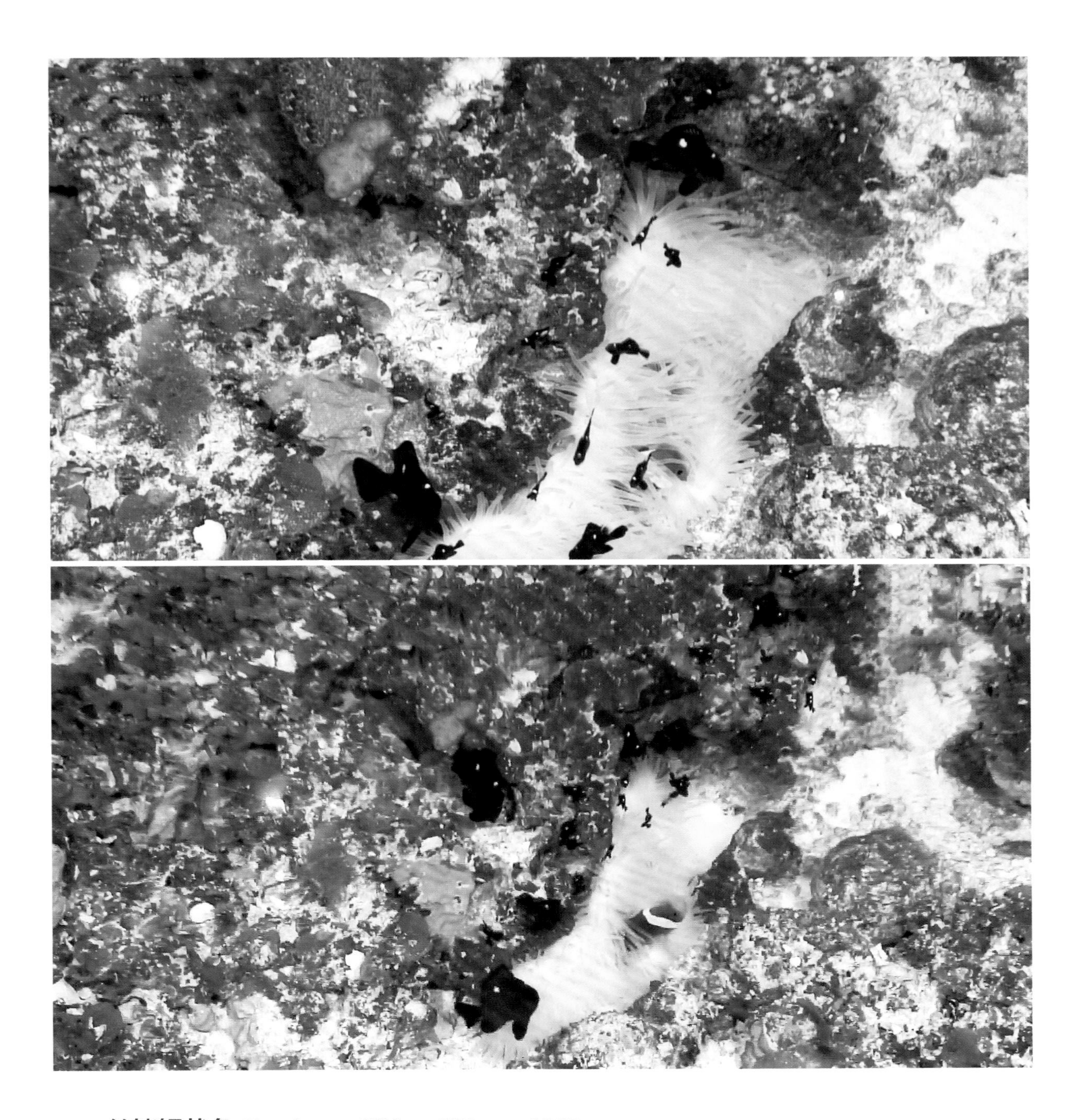

275. 丝鳍鲬状鱼 *Bembrops filifera* Gilbert, 1905

分类学地位

鲈形目 Order Perciformes

鲈螣科 Family Percophidae Swainson 1839

鲬状鱼属 Genus *Bembrops* Steindachner, 1876

采集地 马里亚纳海山，雅浦海山

水深 275～520 m

分布 热带西太平洋

276. 北洋鲽 *Embassichthys bathybius* (Gilbert, 1890)

分类学地位

鲽形目 Order Pleuronectiformes

鲽科 Family Pleuronectidae Rafinesque, 1815

北洋鲽属 Genus *Embassichthys* Jordan & Evermann, 1896

采集地 雅浦海山

水深 360 m

分布 热带西太平洋

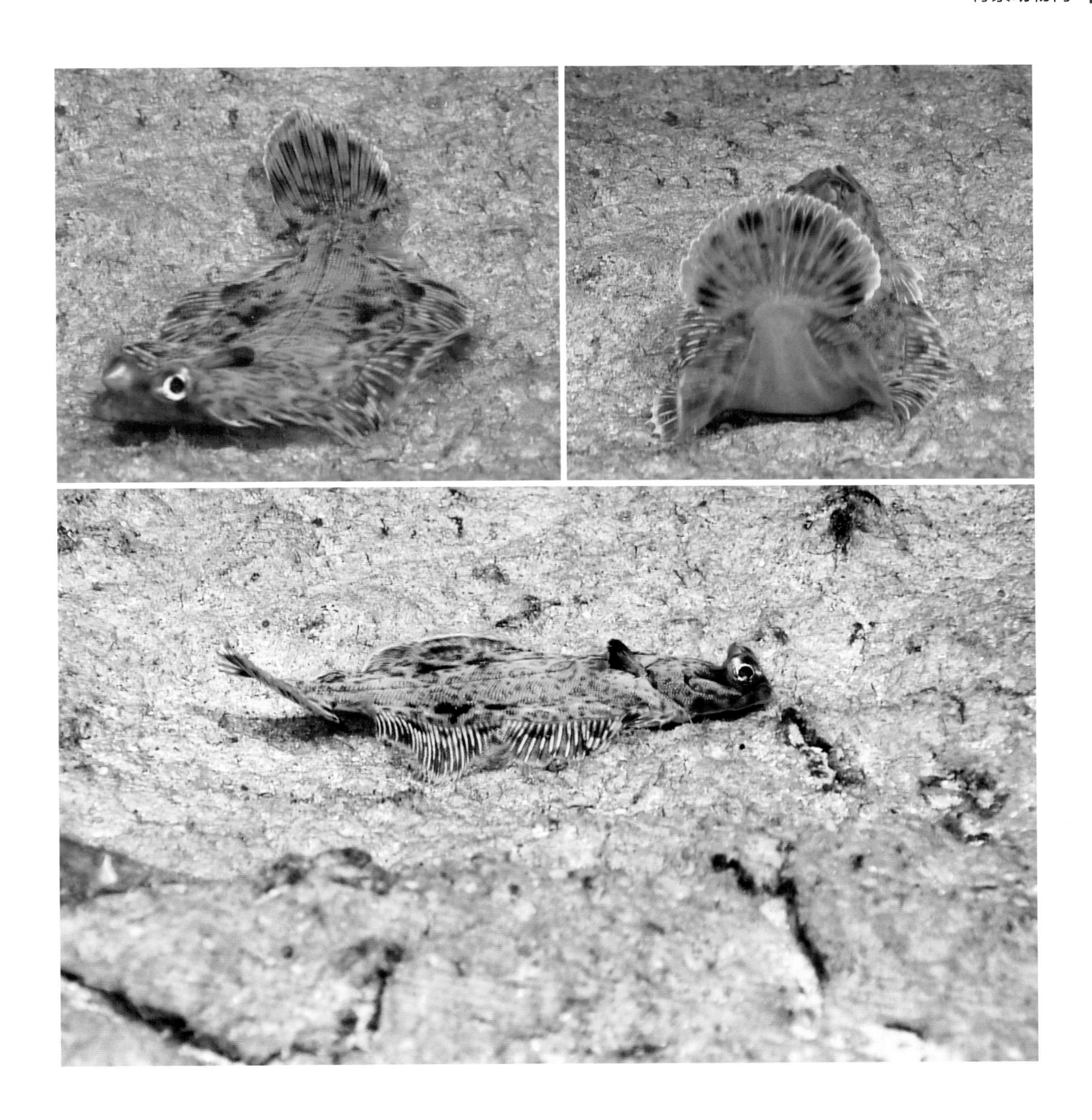

277. 红牙鳞鲀 *Odonus niger* (Rüppell, 1836)

分类学地位

鲀形目 Order Tetraodontiformes

　鳞鲀科 Family Balistidae Rafinesque, 1810

　　红牙鳞鲀属 Genus *Odonus* Gistel, 1848

采集地　卡罗琳海山

水深　70 m

分布　热带西太平洋

278. 鱼类未定种 1 Pisces sp. 1

分类学地位

鱼总纲 Superclass Pisces

采集地 雅浦海山（8°51.72′N，137°44.25′E）

水深 1021 m

279. 鱼类未定种 2 Pisces sp. 2

分类学地位

鱼总纲 Superclass Psices

采集地 雅浦海山（8°51.42′N，137°47.10′E）

水深 278 m

280. 鱼类未定种 3 Pisces sp. 3

分类学地位

鱼总纲 Superclass Pisces

采集地 雅浦海山

水深 4100 m

分布 热带西太平洋

中文名索引

拉丁名索引